两个人很美好，一个人也自在

一本使你踏上幸福征途的小情书

A couple is wonderful,a single also fantastic

萧美君 著 司晏芳 整理

九州出版社
JIUZHOUPRESS

图书在版编目（C I P）数据

两个人很美好，一个人也自在 / 萧美君著 ; 司晏芳整理. — 北京 : 九州出版社, 2014.3
ISBN 978-7-5108-2835-5

Ⅰ. ①两… Ⅱ. ①萧… ②司… Ⅲ. ①女性－幸福－通俗读物 Ⅳ. ①B82-49

中国版本图书馆CIP数据核字（2014）第057378号

两个人很美好，一个人也自在

作　　者　萧美君 著　司晏芳 整理
出版发行　九州出版社
出 版 人　黄宪华
地　　址　北京市西城区阜外大街甲35号（100037）
发行电话　（010）68992190/3/5/6
网　　址　www.jiuzhoupress.com
电子邮箱　jiuzhou@jiuzhoupress.com
印　　刷　三河市祥达印刷包装有限公司
开　　本　880毫米×1230毫米　32开
印　　张　7
字　　数　150千字
版　　次　2014年12月第1版
印　　次　2014年12月第1次印刷
书　　号　ISBN 978-7-5108-2835-5
定　　价　32.80元

目录

Contents

fantastic

A COUPLE IS WONDERFUL,
A SINGLE ALSO

第一章

002

你可曾好好爱过自己?

有时候，我们需要很坚强，才能守护自己的柔软心地；

有时候，我们需要很绝情，才能坚守自己真正想要的爱情。

——扎西拉姆·多多

第二章

当爱情来了又走

003

从心动到冷漠，从爱恋到厌恶，

从忘不掉到记不起，从这个人到那个人。

你是怎么从喜欢一个人变成喜欢另一个人的呢？

第三章

004

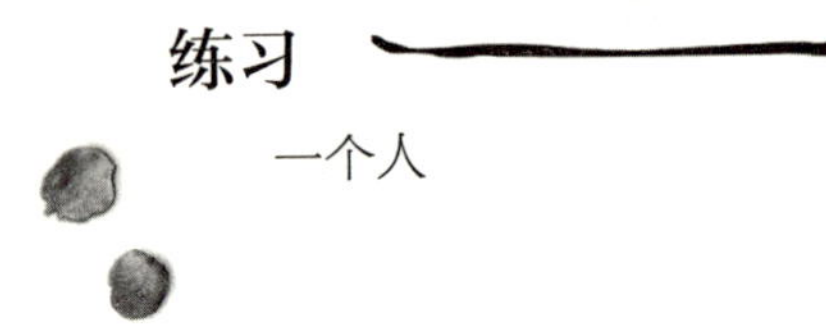

练习——一个人

如果有一天，我等不及，也等不到你，我会收拾好行囊，

带着我所有的思念，继续去寻找你们，也寻找自己。

或许在黄昏，或许在清晨。或许在山边，或许在山岗。

推荐序1

我们从未孤独，因为玫瑰总相随

那是漆黑的一片，一尺黑布蒙上双眸，这世界便成一片黑，随着这黑，心头宛如染了一片墨。

漆黑如夜，无星辰相伴，只有孤单和恐惧与我紧紧相依。那抹恐惧与孤单似乎幻化成一只只魔与妖，飞扑而来，我因不辨方向，无力可逃，这时一双温暖的手引导着我往前走，那瞬间的温暖仿佛烫伤魑魅魍魉，使之纷纷走避。

那双手牵引着我触碰周遭的花草，也轻柔地使我的手触摸地上的水，拉着我攀过障碍物并安然回到原有路上，那双手让我无须学会辨识方向或障碍，便安全地走在这路上，那份安心，让我心生依赖。

然而那双手在路的转折处却放手了，我的脚步一时不知该不该往前迈，只是驻足，只当那双手的主人到别处忙了，或者先去帮我排除路上的障碍物，但我等了许久，那双手的主人始终都没回来。

我聆听着周遭的声音，试着辨识处境，在魍魉还未到来前，另一双陌生的手倒是来握住我忐忑不安的双手了，牵引我走过相同的路程，在我心生依赖时，那双手又放开了。

那漆黑的世界里，我不断体会那双给我依赖与温暖的手，放了又牵、牵了又放，后来我终于懂了，只要我愿意，路上总会有一双手扶持我。魑魅魍魉的幻化是源自内心对未知与孤独的恐惧，它们不是害怕那双手的温暖，而是当自己无所畏惧时，它们便幻灭了。

最后，有人递了一朵花放在我手里，淡淡的玫瑰花香迎面飘来，又丝丝地飘入内心深处，我不由自主地微笑了。然后我听见温柔的声音说，这未知的人生路上我们从未孤独，总有贵人会适时牵引着我们，也许是父母，也许是伴侣，也许是兄弟姊妹，也许是朋友，或许途中他们不得不放手，但总有另一个人接续出现在我们的生命里，纵然最后只剩一人，但我们还有自己，有自己相伴永远，从未孤单。于是随着这温柔的声音和手中的花，感谢所有曾经扶持我们的贵人，也感谢自己。

这份体悟和礼物，我捧着走过数个寒暑，也随着这本书送给所有朋友。很乐见萧医师愿意将专业淡化成通俗易懂的文字，随着在诊间结缘的未婚单身、离婚单身、丧偶单身女性的故事节奏，渐次剖析与指导，仿佛融合了牛奶的拿铁咖啡，浓淡相宜，让我阅读时既受益又享受，因此喜悦地把它推荐给所有的朋友，希望朋友们都能从中找到属于自己的玫瑰。

赖芳玉　律州联合法律事业所律师

推荐序2

爱好你自己，就一定有人爱你

时代进步，社会变迁，女性的社会经济地位逐渐提高，随之而来的压力也变大了，而有些传统角色如婚姻仍牢牢地加在女人身上，难免有身心俱疲的时候。长庚医院的萧美君医师，长年关心妇女身心健康，出版《一生的健康与自在》和《两个人很美好，一个人也自在》两本书，把她在“妇女身心特别门诊”多年的临床经验和案例整合，在保护病患的隐私权下，汇整出三十个有代表性的女性案例，把她们的故事与读者们分享，并提供解决之道，贴心实用，是一本很值得阅读并深深体味的好书。

本书分为未婚单身、离婚单身和丧偶单身三大部分。根据“主计处”2010年的资料，台湾二十五岁至四十九岁从没结过婚的女性有144万人，其中八成的人考虑结婚，但为什么还没找到合适对象？该如何行动或进行心理调适？离婚的女性要如何生活？走上红毯的那一刻谁都认为自己会与另一半白头偕老，然而，出问题的婚姻不少，而且各有各的状况。是要委曲求全，还是当机立断让双方拥有自己的天空？台湾女性的平均寿命比男性多七岁，婚嫁对象通常比自己大几岁，当儿女各自成家，独居的机会很大。截至2012年年底，台湾有99万的妇女丧偶，因此熟龄女性平时就要学会一个人生活和维持社交网络，为将来做准备。

当然，书中的单身女性多半因有失眠、焦虑或忧郁等困扰才会来就医，但社会中有许多单身女性，都活得自在快乐，她们的共同点是有一技之长或经济独立、有开放的心胸、维持或培养兴趣、自信知足，且与老友常相聚。而目前浸润在美好婚姻中的女性，读这本书不仅会了解单身女性可能有的困扰，更会珍惜感恩所拥有的幸福。

女人的一生很奇妙，从刚出生的婴儿，长大蜕变，经由小女孩、亭亭玉立、成熟风采到老态龙钟。成长过程中，学业与事业的成就可以凭个人努力达到，但婚姻路上除了个人因素外，家庭、社会的错综复杂，姻缘常不是个人可以掌握的，但可以确定的是，女人一定要钟爱自己、投资自己，财务自主，心理独立，营造人际关系，那么不管是未婚单身、离婚单身或丧偶单身，都能活得自在而自信。

刘秀枝　阳明大学兼任教授

自序

跟自己订一个幸福契约

一直想说些故事。故事里，有你、有我。这本书的主题是“单身”，分成未婚单身、离婚单身、丧偶单身三个板块。在这些故事里，她们有的害怕进入亲密关系，有的遭遇背叛，有的承受了挚爱死亡。她们有的在不快乐的原生家庭成长，还没好好做自己，就急着进入另一种家庭（婚姻）中，想要重新构建一个新的、自己的人生。有时，愈深的期盼，带来的却是愈深的失望。有人害怕婚姻，不想再走妈妈走过的路，辛苦地为了自己的人生打拼着，不想靠男人，眼泪都往肚里吞。这些情节或许曾在你身上发生过，或许正在上演，更有可能是未来你要面对的人生功课。让我带你看看她们如何在伤痛中复原吧。

沏壶茶，或伴杯浓郁咖啡，进入一个又一个人生，让我说那些从痛苦中走过来的女人心事给你听。所有人都告诉女人，要爱自己，但要怎么爱？多点Me time，me space（自己的时间，自己的空间）！

午夜梦回，不管有没有人在身旁，最终面对的都是自己！你是你，有人生该尽的承诺与责任，但也要对内在的小女孩温柔些，不管身旁有没有人。

当你还是个小女孩时，知道以后的人生是哪般光景吗？去参加大人婚礼时，看着全场焦点——美丽的新娘子时，会想自己以后是怎样的新娘吗？女人真的就是被爱情、婚姻主导命运的吗？是否一有伴儿、有婚姻后，自己就不见了？我想说的是，现在的婚姻形态，其弹性不足以让现代女子自在面对。太多传统的制度包袱，使得女人没了自己，没有足够的付出与信任，女人也不会快乐。

每场婚姻都需要付出与努力经营，但在有了承诺、责任之后，苦乐酸甜也是自己的。要慎重订好和另一半的“婚姻契约”，和单身自己的“幸福契约”也要做到。不管单身或有偶，聪慧的女人，记得去找你要的幸福。有给别人和自己幸福的能力，也能享有幸福的回馈，是很棒的。

每段关系都不一样，每场婚姻也都不一样。我们看着别人的故事，想着自己的生活，时间静悄悄地走过，希望我们学习与成长着，对自己、对别人有更多的弹性，也有更多的坚强与温柔！

楔子

一个人，可以卑微也可以快乐

司晏芳

我，年三十又六，力行现代“新三不”——“不婚、不生、不离家”。其实，婚不婚、生不生，非我一人所能控制，也非不想，实不能也，还没遇见Mr. Right啊。无奈，留在家里的正当性与日俱减。尤其爸爸走后，母亲大人苦口婆心，再三告诫我，“以后弟弟结婚生子要自成一家，你还能继续住在他家吗”“结婚才能有自己的一片天，后半辈子才有人照顾，老了才有依靠”。

每每这几句翻来覆去讲完，若我仍不为所动，回嘴“现在离婚率这么高，弃养父母的不孝子女多的是，结婚也不见得能保障什么”，妈妈便会使出最后绝招，抬出死去的老爸，碎碎念起来：“你要是独身、没结婚，我怎么对得起你死去的爸，以后我怎么有脸去见他！”只要这些话一出，我像被套了紧箍似的，头马上疼得要命，纵有再多理由辩解，也只能乖乖闭嘴。

我没说出口的是：在我这时代，单身是时代潮流，它挡不住。

全球单身潮

《经济学人》杂志连续在2011年、2012年报道这股席卷全球的单身潮，标题分别为《亚洲寂寞芳心》和《独居的魅力》。列举几个数据如下：在亚洲，日本有三分之一三十出头的女性未婚，其中大概一半都不会结婚。而在中国台湾，近四十岁的单身女性占了20%，她们绝大部分也不打算结婚。在曼谷和东京，未婚比例更高得惊人，四十岁至四十四岁女性有五分之一单身，而在此年纪拥有大学学历的新加坡女性则有27%未婚。

报道也指出，这股单身潮不只发生在亚洲，连中东也有许多女子加入单身行列。以阿联酋为例，年过三十且未婚的女性，比例高达六成。

在西方国家，女性晚婚或不婚的态势更为明显。美国国家卫生统计中心表示，适婚年龄的美国女子，每十个就有四个没有结过婚。

而在哈佛大学、麻省理工学院等顶尖名校林立的波士顿，半数以上的女性从未踏上结婚红毯，单身女子比结婚妇女还多，推测与她们来此追求学业和个人专业成长有关。

摊开台湾人口数据来看，单身女性人数也快速攀升。2011年，二十岁以上从未结过婚的女性人数312万，较二十年前的217万增长近100万。各年龄层的未婚率也飞快增长，三十岁到三十四岁女性近四成单身，三十五岁到三十九岁女性约五分之一是单身。

对女性而言，“从婚前到婚后潜藏更多不可捉摸的干扰变数，不婚、迟婚、晚婚、失婚与再婚，已然不再只是一字之差，而是纠结从酝酿、过程、情境、历程到结局的连续性关系”，中国文化大学社会福利系教授王顺民对于台湾女人晚婚的现象感到忧心，直指高离婚率带来婚姻的不确定性，婚姻再也不是一条单行道。

当婚姻不再是幸福长久的保证，成年后单身的日子恐怕比有婚姻的日子更长。在这股单身潮之下，该如何看待一个人这件事?

打破婚姻迷思

尽管社会上仍有不少人毫不遮掩地歧视单身族群，把婚姻当作每个人幸福的终极目标，普遍认为单身人士空虚、寂寞、绝望，结婚的人比单身更快乐、更健康。但这些论点有事实根据吗?

实际上，愈来愈多研究报告发现，婚姻并不如想象中的美好，单身人士既没活在悲惨世界里，也不会晚景凄凉，他们反而过着幸福快乐的日子。最具代表性的就是《单身，不是你想的那样！》一书，作者是社会心理学家蓓拉·迪波洛，毕业于美国哈佛大学，目前在加州大学执教，援引数十年来的科学研究，驳斥对单身名不副实的抹黑，戳破婚姻保证会幸福的神话。“我并不反对出双入对，我有意见的是，过度强调两情相悦，而贬抑了其他所有人际情感与人生追求的重要性，美好且充满意义的人生可以有许多种过法，但大家似乎丧失了这样的思考角度。”她说。

◇婚姻没有使人更快乐

蓓拉·迪波洛在书中引述一项历时十八年、有三万名德国人参与的“人生历程快乐调查”，检视生活满意度与婚姻的关系发现，结了婚且一直保持婚姻的人在婚期前后两年，他们的快乐程度有小小弹升，之后快乐程度随时间缓慢下滑。平均说来，他们婚后不比婚前快乐。而他们会比一直单身的人要快乐一些，但使他们快乐的并不是婚姻，而是因为他们一开始平均快乐得分就高，也就是说，他们在婚前原本就比较快乐。

而结婚又离婚的那组人，则从一开始就是最不快乐的一组人，他们比维持婚姻状态和持续单身人士还不快乐，结婚后也愈来愈不快乐，最终以离婚收场。换言之，如果原来就是个不快乐的人，结了婚也不会变快乐。此外她也指出，以西方十七个工业国家为研究对象的快乐调查显示，当人生其他因素被纳入考虑范围时，婚姻不是人们最大的快乐来源。最快乐的人是对家庭财务最满意的人，其次是身体健康的人，婚姻则排名第三。

◇婚姻没有使人更健康

尽管美国疾管局在2004年公布一项针对十二万名美国人的健康调查结果，宣称“已婚的成年人最健康”，但蓓拉·迪波洛在书中花两三页篇幅重新检视相关研究数据，将研究对象分成目前处于婚姻、一直单身、同居、离婚或分居与丧偶五组人，她这么解读：“目前处于婚姻中以及向来单身的成年人最健康。”她解释，目前有婚姻的人会比较健康，可能也是因为这群人婚前就比较健康。

此外，美国俄亥俄州立大学则有研究指出，结婚让人胖，特别是女人。研究人员自1979年起追踪一万多名当时十四岁到二十二岁的美国人发现，如果年过三十结婚，他们比一直保持单身的人容易发胖，体重可能会增加三十公斤。结婚后两年最容易胖，而且女性会比男性胖，猜测是因为养儿育女和操持家务的重担都落在她们身上。这篇研究报告发表在2011年全美社会学年会上。

◇单身不会晚景凄凉

单身女子最大的恐惧就是一个人以后贫病交迫、孤老以终，但这恐惧纯粹出于想象，毫无事实根据。“澳洲妇女健康研究”分析一万多名七十三岁到七十八岁妇女的身心健康和相关医疗、社会福利资源使用情况，其中有3％是一直保持单身的女性，她们从来没有结过婚，也没有生小孩。令人吃惊的是，这一小撮始终单身的女性学历高，财务状况佳，能够负担昂贵的私人健康保险，不但把自己照顾得妥帖，也比已婚妇女更愿意做义工和参与社团活动，“过着成功、有生产力的晚年”，研究人员下了这样的结论。

如何克服一个人的恐惧

即使有研究报告证明“单身人士活得好好的”，社会对一个人这件事还是非常有意见。在2001年，日本社会学家山田昌弘写了一本《单身寄生时代》，描述一群年近三十或三十好几的单身族群，依旧与父母同住，因他们的薪资收入完全不需要支付房租、房贷，不竟相消费名牌、奢侈品，对基本家电产品消费不足，恐影响日本民生相关产业，对经济造成伤害。

此外，他认为这群单身人士过惯家中舒适的好日子，不愿意自力更生，吸干父母的资源，过着犹如寄生虫般的生活。而且，成年子女滞家会使青年无法独立自主，日本又将如何盼望他们主导未来?

令人无法理解经济出问题、国家没有方向，这些账为何要算在单身者头上?

然而，有心想了解单身女郎与家人同住的真实状况，建议可看2013年年初播出的迷你剧集《含苞欲坠的每一天》，资深单身女作家张曼娟特别写了《还没开就干燥的花》一文推荐。故事描述女主角立平不仅照顾念小学的侄儿，暗中接济失业却不敢让家人知道的哥哥，还得承受父母家人的逼婚、催婚。

这出电视剧细腻地描绘了中年单身女儿的压抑与忍耐，让我想到身边的单身女友们多半对家人慷慨、负责，对工作认真。爸妈生病，她们一肩扛起照护工作；家中兄弟姐妹临时或长期找不到人带小孩，她们被视为理所当然的保姆；在职场上，她们是想当然的加班人选。

我相信有许多单身女郎乐于付出，过得幸福自在，根本不需要任何人来教她们如何快乐生活。但还是有单身女子会苦思神伤，自己到底哪里出错，为什么没有被人挑走。随着年纪增长，愈来愈怀疑这个世界是否真会有一个适合自己的对象。如何一个人活得快乐自在?如何克服一个人的恐惧?如何处理那些骚乱、烦恼和焦躁的情绪?该不该渴望有人陪，怎样才是自在清明的人生?

千万别不知不觉单身

这本书收集整理了三十个单身女人的故事，由亚洲首创妇女身心特别门诊医师萧美君将她在诊间观察不同境遇的单身女人以及她们各自该面对的人生功课口述出来。她们有的一直未婚、有的离婚、有的丧偶。为了保护个案隐私，故事情节以综合改写为主，职业、年龄也经过变更，而非单一个案故事，特此声明。

不可讳言，会来求诊的单身女人，多被失眠、焦虑或忧郁困扰，但后来抽丝剥茧发现，这些病症背后要处理的是缺乏安全感、无法独处等课题，引领她们学会诚实面对自己、接纳自己、宠爱自己。

面对单身，想清楚自己为什么单身，喜欢这样的自己吗？如果很享受，恭喜你，如果想改变，也是有方法的。千万别不知不觉地单身，也不要认为是因为年龄大、体形胖瘦、生病、离过婚、有小孩等让你单身。它们绝对不是你单身的理由，你永远可以选择要不要单身，重点是你要什么。

其实，女人不论有没有结婚，婚后有没有离婚，由于女性寿命普遍来说要长于男性，且大多数妻子比丈夫年轻的不成文社会规矩，女性终究会变成一个人。不论身边是否有个伴儿，每个女人都应尽早学会好好打理自己的生活和心灵，成熟、独立，心态上永葆一个人的怡然自得，绝对会比到了中年或老年，才被迫学习一个人生活要好太多了。

以“你见，或者不见我……”诗作红遍大江南北的大陆网络人气作家扎西拉姆·多多，在《我们都要幸福，很幸福》一文，谈及外在的杂音纷乱，单身女子如何安住于心，摘录部分词句，献给目前一个人的你：

请一定相信，你是最好的，
无论有没有人驾着七色彩云来娶你。
请一定坚持，你要找那个对的人，或者找一种正确的生活，
无论他们怎么教育你、呵斥你、恐吓你。
我是多么担心，你会放弃那明明触手可及的幸福啊。

有时候，我们需要很坚强，才能守护自己的柔软心地；

有时候，我们需要很绝情，才能坚守自己真正想要的爱情。

——扎西拉姆·多多

第一章

你可曾好好爱过自己？

“主计处”2010年妇女婚育与就业调查指出，年纪在二十五岁至四十九岁、从来没结过婚的女性有144万人，被问到为什么单身，六成的人回答“还没有遇到合适的对象”，一成五的人则考虑经济、工作因素，担心婚姻不幸福和不愿意承担家庭责任的人仅分别占5%和3%。

进一步询问未来结婚意愿，有八成的人愿意踏上红毯，两成的人则想一直单身下去。你曾想过为什么单身吗？你想从“我”变成“我们”吗？

请看故事中女主角们的单身功课，从中学习与原生家庭和解、倾听身体和克服恐惧。在遇到对的人之前，不是你拒绝别人，就是别人拒绝你，什么时候要说“不”？什么时候要说“我愿意”？

如果因为还没遇到合适对象而单身，除了随缘等待，你还能做什么？有人说，遇到王子之前，要先亲吻一千只青蛙。你开始行动了吗？请看我们的恋爱建议。不管有没有人爱，你可曾好好爱过自己？本章教你自尊自爱、做自己。如果你的单身生活精彩又有趣，请继续享受它！

别再为了他人伤了自己

她来见我，主要是因为睡不着。很特别的是，她常约妹妹、好友一起陪她来看病。她们三人都未婚，她年纪最大，三十八岁，而妹妹和好友分别是三十六岁和三十四岁。她很客气，话不多，生怕多讲几句会耽误下个病人。多次门诊下来，我才慢慢拼凑出她为什么睡不着，原来是她十分抗拒被要求辞职回家照顾生病的妈妈，长期压抑不满的情绪，最后让她焦虑失眠。

两年前，她快七十岁的妈妈，有糖尿病、高血压和骨质疏松症，不小心洗澡跌倒，髋骨骨折住院，后来妈妈坐轮椅出院回家，需人照料。她家共有四个子女。大姐早早出嫁，小弟和弟媳因为上班地点在台北，加上要照料新生儿，新婚小夫妻自顾不暇。因此，照顾妈妈的责任，传统上“自然”就落在未出嫁的她和妹妹身上。不过，妹妹是保险业务员，常在外面跑，工作时间、地点不稳定。尽管家里请得起外劳，但爸爸最后决定让在小公司当出纳的她，辞职回家照顾妈妈，因为他不喜欢有外人在家里。

两年下来，她妈妈不必再一直坐轮椅，可以慢慢练习站立、行走和自理生活，但妈妈害怕再跌倒，试都不愿意试，成天躺在床上，一扶她坐或站，就抱怨头晕，连倒水和用电视遥控器调节目，都要使唤她。

妹妹受不了妈妈无病呻吟，装可怜、装病，经常气得对妈妈大喊："你明明就可以，干吗不自己做！"转身就跑出家门。而她个性温和，不喜冲突，选择顺从爸妈，在家洗衣煮饭，二十四小时贴身照料妈妈，哪儿也去不了，变成逃不掉的女儿。"这就是我的命啦，遇到了也没办法。"她说。

最令我印象深刻的是，有次她的手受伤，右手掌、手腕被绷带紧紧缠住，她说是自己不小心扭到的。我猜想，可能是她忍无可忍，压不住心中的愤怒，用手去捶硬物。我小心翼翼地说："其实你压抑这么久，我要是你，早受不了。"她才坦承，她用手去捶墙。我提醒她："下次找出气筒，选个软软的枕头，用力打几拳。别再伤了自己。"

练习为自己活

那阵子，她吃不下饭，体重骤减十几公斤，出现忧郁症症状。后来检查发现，她有胃溃疡。除了吃药治疗，我鼓励她要为自己努力，专心吃饭、运动。她认真执行，每天固定出门慢跑。她跟妈妈说："我现在要去锻炼身体，等一下就回来。"

接着，她练习对妈妈说“不”。最初，她一听到妈妈的声音就烦，假装没听到妈妈叫她，借口说她刚好戴耳机听音乐、在接电话、洗衣机声音太大。她观察到，当妈妈千呼万唤找不到人帮忙，愈叫愈大声，找不到人依靠时，就只好自己动手做。她学着训练妈妈独处、料理生活，多用赞美和正面的言语，并设定好渐进的目标。看着妈妈从坐到站，再到下床走路，她替妈妈加油打气：“你做得很好。哪天我们可以一起出门做运动。”

她自己则想走出家门，重新安排生活。刚开始，她想去学吉他，但妈妈泼她一桶冷水：“你都三十多岁，还想学什么乐器。”但她不管妈妈说什么，坚持去上吉他课。另外，她想多认识新朋友，才不会成天在家里跟妈妈大眼瞪小眼。以前同学、同事几乎很少往来，在一次因缘巧合下，她认识了路上发传单的教会朋友，跟着去教堂，让她有了新的社群活动和朋友。几个月后，她来看诊时的穿着打扮变得不一样，开始上淡妆、染发，穿起亮色系的衣服，不再是暗黑大衣。

有一次，我忍不住问她：“最近是否有好消息？”

对于婚姻，她笑说：“转眼就要四十岁，我不敢想。”在三十出头时，她曾经积极要把自己嫁出去，拼命参加相亲活动，认识几个互有好感的对象，但通常不到三个月，约会次数就愈来愈少，日渐疏远，感情变淡，然后不再联络。

她接着说：“对于未来，我要开始为自己打算。妈妈也会有走的一天，就当我上辈子欠她，等我还完债，我就自由。妈妈就是那样，我该做的都做了，对家里我没有亏欠，也不后悔这段照顾她的日子。中间几年，我埋怨过。现在，我打算去参加职业培训课程，学英文、学计算机，找工作都用得到。以后没有妈妈的日子，我相信，我会过得比现在好。”

面对妈妈的控制，该怎么做？

要改变任何关系的行为模式，最重要的，不是期望别人改变，而是要先改变自己。她的妈妈不想学走路，事事仰赖女儿，显现妈妈需要依附在病人这个角色里，才有正当性操控别人。这种行为模式的养成，多半是在家里爸爸用命令的方式对待妈妈，妈妈学会用命令的方式对待小孩。

面对妈妈需索无度，妹妹选择用冲突、逃避的方式响应。而她起先是个没有声音的人，逆来顺受，但过度压抑自己的内在需求，不仅妨碍心理健康，身体也开始拉警报，从焦虑、失眠到忧郁、胃溃疡，逼得她要练习对妈妈说“不”，假装听不到妈妈的命令，拒绝不合理的要求。

当她先照顾好自己，内在力量够强大，自己也慢慢摆脱被人操控，甚至可以不再用逃避与消极的方式面对妈妈，反而转换成用正面赞美的方式，鼓励妈妈学习独立。

如何说不？

记住，你不可能取悦全世界的人，要清楚告诉自己不要做“滥好人”。对于排斥的事情，你可以：

◇用温和但坚定的语调说：“抱歉！我不能做这件事（或这工

作），没办法答应你的要求。”

◇如果你不习惯直接拒绝，或面对爱面子、不喜欢（不习惯）被人拒绝的人，可以说：“让我考虑看看，等一下再回复您。”争取时间确认自己的行程、时间和体力，最重要的是你自己的感受。若真的很不想做，“练习”说不，“练习”不做一次会怎么样。毕竟你很少发生这种事，别人都太习惯你会接受，并且乖乖去做。

◇如果你真的想做到他们的要求但没时间，或他人难以接受你的拒绝，可以说：“我不能完全配合，但我可以先做到……”优先考虑自己的状况与被要求做的感受，只承诺自己能够做到的部分，而不是一口答应。重点是不要让别人对你予取予求、呼来唤去。

给逃不掉女儿的幸福处方

《灵性炼金术》一书谈到，当生命中的某些人或情境对你发邀请或挑战，会让你发现自己是谁。针对和父母的关系，你必须区别他们的能量和你自己的能量，远离他们传给你的恐惧和限制性能量，才能挣脱掉束缚和限制你的绳索。这不是要你对父母表达愤怒和挫折感，而是告诉他们哪些地方对你的了解是错的。有时，让他们知道你对事情的立场，可能是件好事，但多数情况下，他们不会理解你想告诉他们的东西，可能也不会跟你产生共鸣。

想要放开与父母的冲突，需要先静下心厘清脑中纷乱的想法和错综复杂的情绪，也就是要“往内看”，看清到底哪些是他们的期盼与渴望，而哪些是你自己的。比如说，你总是习惯呈现友好、顺服、讨喜的一面，试着不辜负别人的期待，其实可能是为了不失去他们的爱、赞美或关怀，因为你非常在意外在世界对你的评价。

当你愈清楚自己行为背后的动机，愈有能力决定哪些是对你有益的，哪些最好丢开。一旦了解这一点，你就拥有控制权，为自己的生命负责，也才能真正对父母释怀，因为没有人是完美的，你会了解父亲和母亲跟你一样，也在努力完成他们各自的人生功课。想要走入内在，你可以：

• **与自己对话**：每天在日记里写下当天的想法，不管你记得哪些想法，不管重不重要都写出来，并且让你自己去看、重新审视它们。这些想法没有好或不好，就只是些想法而已。重要的是，它们都是你的想法。正面积极的想法非常需要你的倾听，任何负面、自我贬低的想法也需要被听到，从中练习倾听内在的声音，放掉“好”或“不好”的判断，纯粹而客观地观看着。

• **冥想**：想要获得内在力量，冥想是锻炼内在力量的最佳方式。每天有无数个念头在脑中奔流，纷乱喧嚣、不受拘束，引起我们内心骚动。借由冥想可以帮助我们集中注意力，有意识地觉察自己正在想什么，专注当下的那个片刻。其实，只要有个小垫子、一个安静的房间就可以开始了，建议从三五分钟开始。在台湾，许多团体有开设打坐、禅修课程，带领初学者循序渐进地练习，也可以研读或参考相关书籍在家自学。

给白开水女孩的恋爱建议

不管几岁，都可以谈恋爱。若她抛开年龄的自我设限，愿意出去社交，仍有机会进入一段关系。然而，她几段若有似无的恋情，其实是她个性害羞，害怕建立深刻的关系，初识时的好感度因而渐渐淡掉，也就不再联络。对男人来说，她像一杯白开水，平淡无味。对于恋爱，她可以做的准备有：

◇给自己上点“颜色”与“味道”吧！投资自己，买一些质感好且过去不敢穿，或觉得太显曲线的亮色系衣服，例如买一条颜色亮丽的丝巾，练习打法与绑法，试着搭出自己的风格。另外，给自己买些鲜艳口红，喷些较有个性的品牌香水，不要都只走安全与乖乖牌路线。

◇盛装并化妆（当然不要太夸张）去朋友的宴会或婚礼等社交场合，注意在场有无吸引你或特别注意你的异性，告诉自己是个有魅力的女人，主动去找他们说说话。

◇不排斥认识比你年轻的异性，姐弟恋不是绝对不可能的。当今社会这种现象可是愈来愈多。

◇积极认识朋友的朋友、同学的同学，或试着半开玩笑地（较不尴尬）告知周边亲友同事，有好男人不要忘记介绍给你！

如何让他人喜欢上你？

她刚过三十岁，瘦瘦高高，容貌清秀白净，在宠物店当美容师。她终于结束了和医生相亲的日子，摆脱自己是失败者的念头，因为她是家里唯一没当医生的。

她出生在医生世家，爷爷、外公及父亲、叔伯舅姨都是医生，内科、外科、妇科、儿科都有，可以开家综合医院。她父亲以开内科诊所起家，打拼到拥有一家颇具规模的地区医院。母亲经营医院，掌管大小事。不只是她哥哥和弟弟，连她同辈的堂、表兄弟姐妹都以优秀成绩进入医科大学，成为医师。

这一家几代以来，只有医生是唯一的职业和出路。她大学联考第一次差几分没考上医科大学，重考又不尽如人意，改念相关科系，大学毕业后，再花两年时间重考大学医学系，但又差几分没考上。为了要不要再考，她陷入低潮忧郁，因为找不到自己的位置，极度没有自信。

家里不准她去找别的工作。“我在地方有头有脸，你为什么要去外面找工作，一个月也没多少钱！”妈妈呵斥她。可是，她不喜欢跟病人接触，对医疗工作一点兴趣都没有。她曾想走学术路线，去实验室做研究助理，同时准备投考基础医学研究所，但是做了不满三个月就辞职了，因为她害怕血淋淋的动物实验。

经此挫败，她对自己更没自信。家人认为，做不成医生就嫁人去吧，但既然要嫁，嫁医生最好。为了当医生娘（医生娘即医生太太），妈妈帮她报名许多“准新娘”课程，像化妆、美姿美仪、插花、烹饪等，并且加入严格的减重班，一周还要去三次健身房“雕塑曲线”——她160厘米高、体重52公斤，减重中心及健身房却帮她设定体重必须低于45公斤。我听了觉得不可思议，她现在的体重很好、很健康啊！

此外，妈妈安排她到自家医院学习看财务报表和申报健保，并去大学进修商学企管硕士学分班，让她飞去日本、美国、加拿大看过几家学校，要她考虑念个医管硕士，因为“学历”是最好的嫁妆。

尽管她不必像其他人一样工作，但生活里排满的新娘课程、健身教练课，却也让她备感压力。她最受不了的是，被密集安排相亲，对象是家族长辈钦点的住院医师。她跑来找我谈，因为她不知道自己到底要什么。她不明白，世界很大，为什么她的选择很少？难道只有当医生和医生娘这两条路可走？

她与原生家庭的冲突日渐升级。她自觉在家里被排挤，家人话题永远围绕医院的事情打转，爸妈只和哥哥、弟弟谈医院被健保局核审、评鉴的事情，她在一旁连一句话也搭不上。两年下来，她更厌烦几乎每个周末假日都被安排去和一个又一个医生相亲，感觉生活无趣乏味至极。

她反感的是，为什么那些被找来相亲的医生，都是爸妈眼中能够为自家医院创造业绩的赚钱科别？甚至因而质疑，难道这一切努力就是为了成为某个医生的太太？家里为什么非要急着把她丢出去不可？母女常为此争吵。后来，她口头拒绝过几次，但妈妈不死心，照样把饭局定下来，几次之后，她干脆在相亲当天搞失踪，手机刻意关机，让男方苦等一两个小时，妈妈事后只好打电话去跟居中介绍的亲友一一赔罪。

和医生相亲不是件随便安排得来的事情，总要费心央人帮忙，妈妈气她不知好歹，便说："我不要再养你了，你自己赶快找人去嫁。你以为医生娘好当吗？你爸爸只会看病，我每天从早做到晚，一家老小和医院都是我在撑着，从来没喊过累。"她回嘴："我就是不要跟你一样！"

找一条自己的路

她负气离家，跑到台北。她从小被灌输的人生方向很明确，就是学医、当医生，没有第二条路的可能。她一路补习、读书、考试长大，从来没有花时间探索自己。虽然，她出身医生世家，履历表写上爸爸是某医院院长，但没有任何工作经验，即使是去医药生物技术相关产业的公司求职，有的连面试机会都不肯给，有的则是在面试时告诉她：“如果有合适的职务，我们会再通知你。”但几家公司都没有再与她联络。

毕竟家世不等同工作经验，几个月四处碰壁的求职经验让她很受挫。眼看着银行的存款户头剩下几千元，她再不工作，就连房租都成问题。我问她，做什么事情会让她开心？她说，跟狗玩和煮咖啡。我追问，若要她选择去宠物店或咖啡店工作，她比较喜欢哪一个？

她想了好几个星期，最后选择宠物店，从最低级的宠物美容师助理做起。快三十岁的她，才开始有了人生中的第一份工作。

首先，她从洗狗、洗猫做起，为了不让狗毛、猫毛沾上她一头秀丽的长发造成不便，索性把头发剪短，除了方便天天洗头，也让自己看起来俏丽有劲儿。刚开始，她对于工作不得要领，猫狗们尖声惊叫，死命挣扎乱咬，肥皂水喷得到处都是，有的狗一进店就屎尿齐飞，她这小助理也只好蹲在地上清理，把屎把尿。几个月后，她考上证照，升格当美容师，开始替狗狗剪毛、做造型。

在猫喵狗跳、浑身动物味的宠物店工作，和她过去在家里准备当医生娘的日子，简直是两个完全不同的世界。以前在家闲着没事，朋友来电相约，不是做脸、泡SPA，就是喝下午茶，想出国散心买张机票就飞向碧海蓝天，身上从来不缺名牌包包、衣服和鞋子。但自己一个人搬来台北之后，她再没跟家里要过一毛钱，每个月只有把物欲降到极低，用微薄到近乎透明的薪水让自己继续呼吸着自由的空气。虽然在物质上完全没有办法和过去优渥的生活相比，但是她不必再靠听话换取那一切，也不必再勉强自己接触和医疗相关的任何事物。

独自一人在台北生活，她不敢跟宠物店同事、新认识的朋友透露家里的背景，总是含糊带过。在宠物店接触过形形色色的客人，发现其实不当医生又如何，许多人没当医生，日子也可以过得很好。她梦想着有一天她能存够钱，开家帮狗狗做SPA的精品美容店，还可以把她过去出国看过的精品宠物，代理回来卖。

家族的人一听到她跑去做宠物美容师，难免要皱眉的。起初，她不敢让爸妈知道，只说有找到工作，叫他们别担心。但妈妈不放心，有一天偷跑来台北看她，撞见她全身狗味回家，她才讲实话。妈妈当下没说什么，叮咛她好好照顾自己，匆匆转身离开。她知道，妈妈的生活忙碌紧凑，特别抽一天时间很不容易，而她在外踏实地生活过，也了解妈妈肩上的经济重担有多沉重。但是，她终究不能成为妈妈想要的样子，兜兜转转，终于想清楚，医生和医生娘都不是她要的。起步虽晚，但还不迟，起码她开始要走自己的路。

如何找到自己的路

我遇过好几个类似的个案，她们不想走家里给安排的路，又找不到自己的路，像迷路的小孩。当她们能放下家人期待、社会眼光，对人生采取主动积极的态度时，路通常会慢慢走出来。

环境和情势也许会禁锢了我们的心智、自我形象以及我们眼中的世界，而且可能变成往后人生中等待超越的沉重负担。很多正面思考与事件都是经过仔细规划，才摆进人生里面的，这样做的目的在于打开一扇门，让灵魂能够自我疗愈，如此，灵魂才能进化到下一个层次。

◇给自己的作业

把下列问题的答案写下来，也请写下你打算如何解决这些问题。

· 当你回顾一生，会如何描述自己的童年?

· 在你的记忆中，受创最深的事件为何事? 最喜悦的时刻为哪刻?

· 在你被养育的过程中，曾经希望哪些事有不一样的发展?

· 有哪些关于自己和世界的负面信念，是父母传给你的?

· 你的思维需要做什么样的改变?

· 你的自尊如何? 自我形象如何? 哪些方面需要改进?

· 你有没有纪律、专注、负责任方面的问题?

◇**愈是弱者，愈早下结论**

人生这条路，就算设定的目标再怎么卑微，甚至可笑，有目标总比没有来得强。没有目标的人，随着时间庸庸碌碌地老去凋零，最后消散在时空之中，成为没有记忆的坐标。不必被传统社会及媒体通俗文化的价值左右，更无须被年龄感觉羁绊束缚，倾听内在自我的声音，寻找会让自己感觉充实、适情适性的方向，一步一步卖力前行。

给单身女人的幸福处方

故事中的女主角一直找不到自己的定位，她既不喜欢自己，也没有安全感。我曾请她说出自己的十大优点，她几乎没有经过任何思考便立刻回答："绝对没有！"

老是觉得自己不够聪明、不够有钱、不够成功、身材不够苗条，就像在潜意识里不断诵经给自己听，一直念着"我很差、不够好、一团糟”。如果这股声音一直回荡耳边，仿佛时时刻刻在否定自己、贬低自己，容易造成自尊低落。

自尊通常不见得完全与“你有什么”等外在条件画上等号，它主要是建立在你对自我的感觉上，也就是说，你对自己满不满意。每个人都需要被肯定，除了依赖外界环境的给予，也可以自己给自己。尽量多看自己的优点，对于缺点，能改就改，改不过来的，请放过自己，坦然接受。

每天练习在日志里和自己对话，谈谈你心中的梦想，即使你认为不太可能实现，都可以纳入。从变漂亮、参加马拉松、玉山攻顶、学习烤蛋糕到独自海外旅行，从创造自己喜欢、有意义的工作到拥有伴侣、孩子，你真正的渴望是什么？你的心渴望什么？如果你不尊重它，那还有谁会尊重它？

将自己希望尝试的事情写下来，尽力去试、去做，慢慢会发现自己什么事做得到、什么事做不到。但什么都不做，只会愈来愈软弱、愈无力。只要动起来，就会有改变，体悟德国文豪歌德说的“能做的、想做的，即刻进行，果敢中自有才智、力量和神奇”。

恋爱建议：宝贝好自己

另外，即使相亲的医生中出现想要进一步交往的对象，故事中的她也担心别人只会看上她家的医院，而不是她自己。这有可能是因为她觉得自己不够好，无法相信人，觉得根本不会有人爱她，认为：“怎么可能有人会爱我真正的样子？他一定想要什么东西！”

《与神对话》一书中写到，如果你无法爱你自己，你便无法爱别人。许多人经由爱别人寻求对自己的爱，在心底深处，他们这么想："如果我能爱别人，他们也会爱我，然后我将是可爱的，而我也才能爱我。"

健康的亲密关系不该是这个样子的，并非要借由谁来让你完整，而是有一个人可以分享你的完整。所以，要进入一段关系之前，你必须先学会尊重、珍惜并且爱你自己。换句话说，要让别人喜欢你，首先你一定要先喜欢自己。

此外，为自己多创造一点机会，去认识各种不同职业类别和领域的人，看过、遇见的人多了，看人的能力自然也会愈来愈好。尽量不要有"我绝对不会和这种人在一起或做朋友"的念头，保持开放的视野与弹性，把每一个新认识的朋友当成一扇窗、一道门，能为我们的世界带来更多不一样的风景。永葆学习精神，认真观察各种事物，结识不同领域的专家，学习吸收不同领域的智慧，将时间投资在自己身上，深化自己的生命厚度。

有爱就有伤害

三十多岁的她，五官精致，气质佳，受过良好的教育。求诊时，她习惯依偎在男友身边，话不多，连月经什么时候来，都是男友抢着替她回答。她通常轻声地说："还好，现在好多了，没以前那么疼痛了，谢谢。"她的眼神里似乎还有点别的，但到底是什么东西，我还说不上来。

多年临床的经验与敏感告诉我，这女孩内在有些负面的东西，或许时机还不成熟，或是我要更积极建立与她的医病沟通与信任的关系，才能探知真正造成她"疼痛"的难言之隐与内心秘密，帮助她走向康复之路。

过去我试图请她男友到诊间外等候，单独和她会谈，但她会用像受伤小动物的眼神向男友求助，或是告诉我："医生，我要赶回台北上班，我只请假三个小时，我们下次再谈好吗？"刚过完年的门诊很多人抢着加号、加挂，看完诊我也常跟着失声，筋疲力尽。过年长假虽说是合家团圆，但我的许多个案却像被扒层皮一样，伤痕累累地回诊。

“医生，对不起，我过年乱吃药，我的药不够了。”我还没来得及问她“怎么啦”，她就破口大骂：“我恨不得杀了他们这对狗男女，禽兽不如！”她激动得全身发抖，滔滔不绝地讲述她童年曾被父亲侵犯，母亲放任不管的过往。“该摸的都摸过，就差没进入而已。我妈眼角曾瞥见他摸我的胸，竟然刻意把头别过去，假装没看见。他看我的眼神，就像用眼睛瞄路上的俗艳女人一样，连我洗澡也要偷看。”

这是第一次她男友不在身边，她一个人冲入诊间，大哭大吼，连续讲了快一个小时，这才是她啊！我松了一口气。哭吧，女孩，放下矜持与压抑！我也终于清楚，困扰她的疼痛不只源自忧郁症、偏头痛、经前症候群，更有可能是长期压抑的愤怒。身痛与心痛都不是止痛药可以处理的啊！

原生家庭的创伤

她来看我时，忧郁症已经控制得不错，主要是因为疼痛问题。她平常有偏头痛，每次月经来潮，疼痛加剧，甚至痛到不能去上班。她之前曾因为吃止痛药，吃到胃溃疡，还要吃两颗以上的安眠药才能入睡。但这一年来，她改用新型抗忧郁剂止痛，从三颗药减到一颗，也不需要天天靠吃安眠药入睡。我甚至很有信心地认为，她可以停药，放心地在今年结婚和怀孕。但是，妈妈来了一通电话要她回家吃年夜饭，唤醒她尘封的童年创伤。“呸！什么叫一家人？我没有办法装作没事发生，跟他们同桌吃饭。”她愤愤不平地说。

她从有记忆以来，爸爸对她的态度就是轻佻随便，尤其青春期过后，爸爸变本加厉，故意撞她、随手摸她一把是家常便饭。她甚至经常发现爸爸躲在浴室气窗、门缝偷看她洗澡，逼得她天天更换洗澡时间。

她跑去跟妈妈讲，以为妈妈会站在她这一边。没想到，妈妈只关心：“你爸到底有没有跟你做？”她回答，没有。妈妈像松了一口气，马上板起脸孔教训她：“爸爸只是比较喜欢你。这种事别跟其他兄弟姐妹讲，也千万不可以再胡乱讲给别人。传出去，我们家以后还要不要做人？你要让别人看我们家笑话吗？当心我撕烂你的嘴！”

忆起这些片段，她咬牙切齿地说：“我这辈子最想做的事，就是杀了他们。我一生都被他们毁了。”过年她没回家，但不堪往事如潮水般涌上心头，年后她根本没有办法出门上班，她每天醒来就吃安眠药，希望能继续昏睡下去。幸好她身边有男友相伴，看她睡睡醒醒不是办法，才赶紧帮她加号挂进来。

谢谢自己，你是个很棒的人

我安慰她：“走到这一步，你已经很棒！”她曾经暴食肥胖二十公斤，然后成功瘦身，也在别家医院积极治疗忧郁症，并进行一年的心理治疗。她和男友在一起十多年，已经论及婚嫁。两人在大学相识相恋，毕业后又进同一家公司。男友断断续续听她讲过一些童年不愉快的事。她中间几度想分手，一想到要带男友见爸妈谈结婚，她害怕会拖累男友，怀疑自己婚后是否能扮演好妻子、母亲、媳妇这些角色，更不知道未来要如何教自己的小孩，及面对外公、外婆。

想到要生孩子，她身体痛苦，不愉快的经历就如鬼魅般折磨她，她恨自己的身体，无法想象这个被糟蹋的身体，可以像一般女人一样有奇妙的生产经验。对于原生家庭的仇恨愤怒，她觉得她还过不去，无法相信自己会成为母亲，对于父母与子女的关系，她内在的冲突，让她对“家庭婚姻”的意义质疑且带有怨怼。

我顺手拿面纸给她擦眼泪，拍拍她说：“干吗忍这么久才说？把自己搞得这么辛苦，小傻瓜。”她原本稍止住的泪，又哗啦啦宣泄而出。

“能说出来，代表你肯面对，这就是成功的一半，我谢谢你告诉我，也请你谢谢自己是个很棒的人！”

“你的努力，男友一定看得见。而且，你并不孤单，这儿有几本关于内在疗愈的书你可以先拿回去看，你不是世界上第一个发生这种事的人，我们可以一起来走这段复原的路。我相信：爱，最后一定能战胜恐惧与伤痛。”

如何面对童年的创伤经验？

故事中的她还是孩子的时候，当父亲侵犯她的身体后，她得不到母亲的支持，还被妈妈警告不可以说出去，造成她内在深沉的恐惧、羞愧和惊吓。在无人可以保护的环境下，她必须隐藏情感的需求，与内在的小女孩失去联系，因为出来太不安全了。当恐惧在身体显现时，慢性疼痛只是其中一种表现方式。

《拥抱你的内在小孩》一书里，列出数种常见因恐惧造成的身体感觉，包括胸口感到紧绷压迫、手脚冰冷、心跳加速、慢性或突发性疼痛、有便秘或腹泻问题、感到恐慌袭来等。

恐惧会阻碍我们前进，让生命失去喜悦。恐惧的源头有可能是家庭压力和社会文化的期待，被忽略、被遗弃和误解，或者是身体、精神上的虐待和侵犯，而最普遍的恐惧就是害怕暴力与死亡。每当恐惧来袭，请将它视为一个机会，练习与内在的情绪联结，让自己去感受恐惧、焦虑、惊慌。我知道这样很痛，但是痛过后，才是真正的疗愈。看清自己到底在害怕什么，找出恐惧的原因。试着不去抗拒它，学习接受它、感受它，并看看是什么触动了它。将恐惧转化为接纳，才有可能不被恐惧控制，从中得到力量，并提升自尊。

如果曾有被父母伤害的背景，往往会有自尊低落的问题，以及潜意识里有不愿承认的羞耻感。更深远的影响是，长大成人后，无法在情感上把其他人当成平等的人，她找的对象有可能也是类似父或母者，持续讨好或爱恨交错，几段感情下来，伤痕累累，结果常是不想、不愿结婚，或者婚姻不牢固，常以离婚收场。

除非了解正视心中那个小女孩，改变与异性的互动方式，才能扭转过去亲密关系里的悲哀行为模式。在处理惊吓情绪时，尤其是童年性或身体的创伤经历，它们通常被封锁在意识深层的记忆中，应在一个安全且提供支持的环境下，由专业人士陪伴来处理这类问题。

至于要花多久才能治愈受惊吓的内在小女孩？要看个人对必须重新检视的记忆有多深的感情纠葛。过程通常会经历悲伤、责怪等情绪，最后才能让这小女孩离开或真正开始长大！

为什么你是爱情白痴?

“我觉得自己是爱情白痴。”谈起自己的恋情，全撑不过半年，她下了一个这样的结论。快三十岁的她，男友像当季商品，过季就换新人，来去匆匆。每次开始新恋情，鲜花、巧克力堆满她办公桌，一下子传遍整个公司，同事们私下议论这个男人能撑多久。

她外形甜美，聪明迷人，加上身处男多女少的工程师圈，身边一直有许多追求者。她大学念电机，硕士转念法律，毕业后在一家科技公司担任法务，经常出国处理专利权申请或审视商业合作契约条款。在工作上，她很快晋升到中层主管，几次跳槽后，薪水更是三级跳。

虽然，她历任男友都是大家眼中的三高好男人：身材高、学历高和薪水高，但她三个月热恋期的激情一过，往往开始觉得对方没吸引力，或说这段关系没劲儿，准备抽身。她最常用的分手理由是“我对你的感觉淡了”“我觉得我们没有未来”和“我们个性不合”。在交往期间，如果男方计划要带她回家见爸妈，或者谈到结婚生小孩、未来要住哪儿的打算，她马上冷却这段关系，拒接他的来电，谢绝再联络。

该如何保持一段长久的关系

她会来看我门诊，主要是因为有一次她在办公室情绪失控大叫。一个新进助理准备隔天会议资料时，不慎装订错误被她发现，她气得大吼："你知道我手边有多少事要忙，连这种小事都要我自己盯，请你来干吗！"整个办公室顿时安静，全部人都转头看向她们，小助理惊慌失措，眼泪在眼眶里打转，而她噼里啪啦地讲完，马上就后悔，不知道自己干吗为这种小事发火，她也拉不下脸打圆场，快步走出办公室，结束这场风波。

事后，她推算日子，应该是月经快来了。她猜测自己在办公室暴怒，可能是因为经前症候群，四处找相关资料，无意中在书店看到我的书《一生的健康与自在》里提到，就特别挂我的门诊做最后确诊。初诊时，她带着平常吃的偏头痛药，也填好过去一周记录表，里面包括情绪分数和疼痛量表等，还有一张满满的问题。例如，三十岁过后，经前症候群会不会加重？吃避孕药会不会影响情绪？

此外，她出国工作频繁，也常因时差失眠。几次门诊后，她按时服药，疼痛和失眠获得控制缓解。我轻声地问她，一切还好吗？她烦恼要不要跟男友分手，谈起她三十拉警报的焦虑，因身边大部分朋友都已经或即将结婚。但最困扰她的是，为什么她有过一连串的关系，但都无法长久，她不知道该如何保持关系。

为什么有人害怕进入深刻的关系

她自觉，她打心底不相信男人，是因为爸爸有外遇。爸爸在知名企业居要职，妈妈则是全职家庭主妇，负责操持家务。当时她还小，爸爸经常喝酒应酬到很晚，三更半夜才回来，爸妈常常大吵。她年纪渐长，爸妈愈吵愈厉害，妈妈成天坐在家里哭。

爸爸一在家，家里气氛非常紧张。一家三口很少同桌吃饭。爸妈都是好面子的人，不可能离婚。有一回，妈妈为了娘家的事离家几天，爸爸夜里竟然带个浓妆艳抹的小姐回家，两人喝得醉醺醺的。爸爸厉声警告她，不可以跟妈妈讲她看见什么。她惊慌、害怕、生气，背着这秘密长大。后来上大学和工作的地点，她都选择离家愈远愈好。

在我看来，她不断地谈恋爱，一旦对方认真起来，她就想逃跑，因为她害怕进入一段深刻的关系，恐惧承诺。浅尝辄止的恋爱是她保护自己的方式，避免以后变成像妈妈一样的怨妇，也可以看成恋爱对象想要定下来，她就取得关系操控的主导，抛弃对方，报复以前那个不忠的父亲。

我建议她，别急着决定要不要和男友分手，应该先做疗愈自己的功课，练习写信给爸爸，但不必寄出去。对爸爸写下任何她想说的话，先自我宣泄痛苦与愤怒也好，回想她童年的父女关系如何影响现在她和异性的相处模式，自问自答探索她内心深层的恐惧、害怕被抛弃的恐慌，并找出过去可能导致这些负面情绪的原因。

几个月后，她告诉我，与其像以往一样逃跑，这次她敞开心胸，选择留在男友身边，并试着解决两人之间的差异，进入关系的磨合期。她进步快速，我替她高兴。更好奇的是，这一次她怎么愿意承诺定下来？

她笑着说，其实很糗，因为她在他面前放屁，要是以前发生这种丢脸事，她自己会羞愧到不敢再见对方。但这个男友不像大部分人把头别开假装没事，反而转过头注视她说：“是不是吃坏肚子？要不要找地方上厕所啊？”她感受到他的真诚和温暖，当下决定不管结果如何，这次她要好好爱一回。

真爱来敲门，不必再落跑

《落跑新娘》电影里，茱莉亚·罗伯茨饰演三度因为恐惧婚姻而逃婚的新娘，和这个案例有相同的心结，就是对亲密感的恐惧。她们害怕另一个人靠近，会不自觉地想分开。一旦分手成功后，她们又会渴望亲密，再进入一段关系，反复上演着吸引和推开对方的恋爱模式。

面对亲密关系，你可以不恐惧，想一想，在你的成长经验中，与父母或其他朋友在建立亲密关系过程中，曾经有打开心房却不被接纳，或被拒绝背叛的感受吗？告诉自己：那是你过去的“感受”，不代表你是一个不够好的人，现在与未来的你是不一样的，你再因恐惧而把自己武装起来，永远都没有再被爱与爱人的能力，是很孤单很悲哀的，你因噎废食，不愿再试，就只会原地打转，生命无法再往前走。

再想一想，你会担心别人愈靠近你，愈会发现你的很多缺点与不完美，而转身离开或羞辱你吗？真正的亲密关系是，彼此愿意尝试接受对方的优点与缺点，你能放心在对方面前自在做自己，暴露自己以为的“缺点”也不恐惧。恭喜你，那就是你的真命天子，或说是Mr. Right。不要再逃走了，快把握现在这个机会。

真爱在彼此磨合与复杂心境和情绪中成长，我们才能在这个互动中，重新发现自己的问题与心性，这才是真正心灵成长的开始，你再转身离开，你的生命就停滞了，最后只会自怨自怜没人爱你，你没机会，不是别人的问题，是你自己放弃自己。

To单身的职场丽人

快四十岁的她，梳个包包头，只爱穿黑、白、灰色的衣服。她在同一家公司待了十几年，日复一日，算是元老级干部。尽管公司有过几次权力斗争，但她因为运气好，跟对主子，一步步从小秘书爬到总经理秘书。她生活规律，每天待的地方，不是公司就是家里，也没有参加社团活动、课程或运动。

她一个人住，拥有一小套房，按时交房贷，少有访客，上班从不请假。她朋友就那几个，都是和她一样资深的单身熟女，几个月固定聚会一次。和她同年纪、结婚生子的朋友们鲜有来往，而比她年轻的同事，觉得她讲话尖酸、爱批评，严肃僵硬，也不敢和她走太近。

全公司都知道，任何签呈、公文，一定要先过她那一关，才可能上呈给老板。不论案子大小，她都认真挑错，一件公文被退个两三遍，再平常不过。退文时，同事语带挑衅地说，你会不会看得太仔细？她了解，人家背后都说她难搞、不知变通，难怪交不到男朋友、嫁不出去。

她过去好几个月都睡不好，觉得胸口闷、呼吸不畅和心跳加速，但看过许多科却找不出原因，最后自费做全身健检，做完所有生理检查，也查不出毛病，最后被体检科的医生转介来看我的门诊。

初诊时，我问过她大略的生活、经济和人际关系，看起来都还好，猜测可能是生活有压力带来的身体感觉，但又还不到焦虑症的程度。

我问她，最近生活压力大？她急忙回答："我哪里有什么压力。"

我先开些低剂量抗焦虑药物和安眠药，缓解症状不适，等她准备好再谈。几次门诊之后，一次我照例问："一切都还好吗？工作还顺利吗？"

她突然哇的一声哭出来，讲起公司半年前新来了一位年轻女同事，刚从国外大学毕业回国，打扮新潮，酥胸半露，加上一双修长的美腿，青春无敌。她业务能力强，谈成几笔大生意，颇受老板赏识。新同事仗恃是公司红人，从不按照规矩办事，想找老板就直接冲进他办公室，也不知会她一声，完全没有把她放眼里。

新人受宠，备感威胁

去年底，公司的福委会讨论来年春游的景点，她提议去张家界或九寨沟，新同事立刻呛声："看看风景和逛老房子，有什么好玩？哎哟！老人家才会想去。要玩就去最近热门的菲律宾长滩岛，沙滩、阳光、棕榈树，还可以玩冲浪。"话一讲完，其他同事跟着帮腔附和，直呼：“好酷啊！”她直觉这些同事串通好，摆明给她难堪。在公司待这么多年，论资排辈，只有她教训别人，从来没有像今天这样当众出丑。其他同事虽然也提几个其他景点，但最后表决通过去长滩岛。

会后新同事跑去跟老板邀功，报告福委会的表决结果，临出办公室还不忘冷言道：“可是刘姐想去大陆玩，不晓得到时候会不会跟大家去？”老板随口说：“我们这年纪的人就要跟上潮流，刘姐当然会去，全公司都要一起去。”

整个会议让她觉得被人排挤，而老板的话就像在她心口捅上最后一刀。她气老板跟新同事站在同一阵线，嘲讽她年纪大、思想过时。最后她抽抽噎噎地说：“医生，对不起，耽误你那么多时间，跟你抱怨这种小事。”

“千万别这么说，这些都不是小事。”我马上想到，她可能是适应障碍。

以她来说，新进女同事平日越级报告，福委会的表决结果，加上老板随口几句话，让她备感压力，觉得危及她在公司和老板跟前的地位。她的自我认同和价值都建立在工作年资，生活重心全放在工作，拿放大镜检视同事互动。与新进女同事交恶，也可看出她心里底层对年华老去的焦虑。

设定人生目标

我对她说：“想想你未来到底要什么。除了工作之外，什么是你真正想要的生活？退休后，人生要如何规划？”

她茫然地说："我不知道。"

"别着急，这些问题需要花时间想。"我说。

往后几次门诊，我们共同讨论她的兴趣、参加过的学生社团。她最后决定去学室内设计的绘图软件，因为她一直想重新装修房间，粉刷、油漆换色、买新家具。刚过三十岁，她搬进现在的单身套房，当时考虑有可能一两年后会结婚，现在的单身套房只是暂住，何必浪费钱装修，随便找些便宜家具凑合着用。但是，眼看一年又一年过去，还是一个人生活。十年、二十年后，她可能会一直单身。去他的真命天子！她要活在当下，好好布置她自己的家，就算只有她一个人住。

然后，下班后，她认真研习室内设计课程与软件，从初级上到晋级班，甚至参加相关证照考试。周末假日，她勤逛各大家具卖场。半年后，她找来工班，按图施工，造出她梦想的家。她邀请设计班的同学们来家里吃饭，庆祝新居落成。聚会后，有位同学热心牵线介绍她认识他公司的同事。他离过婚，有一个小孩。两人一拍即合，稳定交往半年多。

她解开心结，重新安排生活后，症状减轻许多，在我诊断，她不太需要吃药。她后来持续看，只是想找人说说话，定期把心里的垃圾倒干净。"医生，我现在觉得新进女同事也没那么讨厌，年轻有本钱就该秀出来，旅游到哪儿玩都可以，只要大家开心就好。幸亏有她，我才会改变，得到现在的生活。"她说。

你有适应障碍吗?

适应障碍是指长期受到压力引发的身体症状，常见原因是搬家、失恋、转学或换工作，主要是当事人主观认定的重大事件，在别人眼里可能是芝麻小事，引发情绪或行为症状。只要压力消失或慢慢适应，症状就会消失。若情况持续，可能会深化转为焦虑症、忧郁症等疾病。治疗以心理治疗为主，让当事人说出来，宣泄情绪，化解心结。

与适应障碍有关的感受变化人人不同。若以焦虑症状为主，常常处于担心烦躁、神经肌肉紧张的情况。若是忧郁症状，常见哀伤、悲泣、无助、无望、绝望。但是不少个案的当事人，焦虑与忧郁的症状都有。通常在压力事件发生后三个月内，相关的症状便会开始出现。压力的大小无法决定适应障碍的严重度。若发现失眠、全身紧绷疼痛，焦虑、忧郁症状越来越严重，没有良好的支持管道（倒心理垃圾、谈心的亲朋好友），影响工作、家庭或人际关系，就该寻求精神科或身心医师的专业协助。

职场的单身歧视

在职场，年过三十五岁还未婚的单身女性，常被人认为意见多、不好相处。如果婚姻感情一片空白，即使是不熟的同事也会劝说“不要太挑、再不嫁就嫁不掉”，让人听了心烦、害怕。其实，最重要的是，厘清自己单身的原因。到底是跟自己处不好，还是跟别人处不好？

真正的婚姻与爱情，无关年纪。有信心的熟女不会因社会或亲朋好友的压力，而失去追求幸福的动力。如果觉得自己不适合目前多数的传统婚姻、结婚嫁娶模式、一定要生孩子的生活时，请听从内在的真正声音，不必委屈自己迁就或勉强进入一个不喜欢或不合适的生活形态。

年过三十五的熟女，职场经验丰富，用成熟、幽默的说话能力表达，会是更受欢迎的办公室上班女郎。对自己幽默，也对别人幽默，偶尔消遣自己，适度展现自己的经验，不要事事严肃，要大家“尊重”你这位大姐。

不可否认，年纪愈大，我们就有愈多的过去与经验可供回忆、玩味，甚至需要别人的肯定与尊重，听“老人家”话当年是有趣的，但如果太强调过去，不只扼杀当下，更容易令人感到无聊。

“当你觉得自己老了，你就真的老了。一个人老不老，主要取决于想法和态度。保持一颗年轻的心，你就不会变老。你觉得自己几岁，你就是几岁。”这些都是传统的智慧之言。你是否有真的听进去？别当乏味的人。对新的事物保持开放的心态，和年轻人多多接触。从中了解年轻人也有自己的问题，进而获益。不要当老古董，让人躲得远远的。

给职场单身丽人的生活处方

《法国女人的快乐学》一书里写到，随着年岁增长，真正的自我才会成形。也许失去青春年华，但会换来足够的人生阅历和真正的女性魅力。这就是法国名女人茱丽叶·毕诺许、凯瑟琳·丹妮芙和伊莎贝拉·艾珍妮的魅力。法国女人的魅力从何而来？书中建议：

·多动脑：步入中年后，有些反应可能会变慢，但思辨能力会变好。如果没有持续用脑，脑细胞就会流失。建议学习外语、与自己意见不同的人理性辩论，不只锻炼脑力，也是非常法式的生活模式。另外，法国人常保持心情开朗和充沛精力的妙方之一，就是去上课或参加工作坊，不断挑战自己。

·多和不同年纪的人来往：法国女人常在自家招待客人，邀请不同背景、领域，甚至不同时代的人汇聚一堂。她们不只会和年龄相近的同性朋友来往，也喜欢和形形色色的人交朋友，不管男女老少，不限地域、国籍。她们也喜欢为人指点迷津，乐于分享自己走遍各地的见闻和人生经验。

改变当代女人衣着的时尚女王可可·香奈儿，可以说是最佳典范。法国前外交官在《我没时间讨厌你》一书里记录，在香奈儿还没有征服巴黎时，定制服装的生意才正要起步，她在康朋街的沙龙高朋满座，客人们有波兰钢琴家米希亚、西班牙画家毕加索、乌克兰芭蕾男舞者等。

·重拾纸笔、练习写字：法国女人的字迹都很优美，建议在签账单或记事时好好写字，特别是你的签名。理由是人们很容易懒散，忘记从前第一次学写自己的名字时战战兢兢、小心谨慎的感觉。慢慢练习用工整的笔画写字，当你执笔就纸，意念就会从心传到手，再传到手指，最后达到页面，这过程会帮助你和那个第一次学写名字的小女孩，也就是你心中的那个小女孩，重新建立联系。

给资深单身女郎的恋爱建议

答案很简单，就是把单身日子过好。套句作家张曼娟的话："人活了，婚还能不活吗？"

"婚活"是指一切为结婚积极从事的活动，也就是积极参与相亲、联谊或其他交友活动。除了婚友社、网络交友网站，日本更发展出单身相亲酒吧、职棒球场限量婚活专门座位。出去认识人很好，但把嫁人当成未来寄托，散发出来的迫切渴望，恐怕只会吓跑男人。

像个案当事人找出自己喜欢的事，把精力持续投注在感兴趣的事物上，追随热情而活，你会觉得整个人活起来了！当你开始对自己好，才有能力去爱。"在你根本不需要另一个人时，在你完全地满足于自己，在你能够独处，而且觉得快乐无比时，爱才有可能发生。"印度心灵大师奥修说。

"去想、去说、去做你喜爱的一切，因为当你做这些事情时，你正在感受爱。"《秘密》的姐妹书《力量》建议，每天尽可能去爱，你可以：

- **挑出喜欢的事物并感觉到它们：**走在街上，在别人身上寻找你喜欢的事物；走进店里，寻找你喜爱的东西；说“我爱那个人的笑容”“我爱那个人的发型”“我爱那套衣服”“我爱那种味道”，等等。

·**在各种情境中寻找你喜爱的事物，并感受那一切**：让心变得敏感、有洞察力，说“我喜欢这首歌”“我喜欢听到这样的好消息”“我喜欢我住的城市举办的节庆活动”。

列张清单写下你所爱的人与事物：一开始每个月列一次，之后至少每三个月一次，尽可能列出你所有喜欢的东西，从食物、衣服、书籍、电影、餐厅到城市、国家，也包括你喜欢的人、颜色、店家、人格特质、花、植物和树等事物。

To太过追求完美的女人

我走出诊间，发现她坐在空无一人的候诊区。抬头一看，墙上时钟的时间是晚上八点半。我下午门诊常看到晚上八九点才结束，她应该下午就过来，但怎么会没有进诊间？她特意在等我吗？我脑子里出现许多问号，赶忙走到她身旁说：“对不起！我看太晚，没有注意到你。”

她低着头，不发一语。我挨着她坐下来，听见她呼吸声急促、用力，只见她拼命用手背抹掉眼泪，但泪水哗啦啦地流，哭声慢慢变大。我想给她一个拥抱，将手轻搭在她肩头，她却整个人弹起来，甩开我的手，大声地说：“不要啦！”

我第一次看她这么直接表达自己的情绪。一直以来，她谦和有礼，沉稳内敛。每次看完诊，她总是客气地说：“我知道萧医师你忙，手边有那么多个案，真不好意思多讲了几句，耽误你的时间。”

那晚，她用尽全身力气忍住不哭。我心疼地说：“你好好地哭吧。”她随即放声大哭。接下来的五分钟变得很漫长，我们并肩坐着。终于，她好不容易挤出几个字：“萧医师，我也不知道为什么哭。”我本来担心，她会不会遭逢巨变，想不开什么的，但我一听到她那句话，心上大石落了地，知道她大概没事。两人相视大笑，气氛变得轻松，问她为何一人枯坐在候诊区。

原来她今天来得晚，已经过号，偏偏挂初诊要加号的人有十来个，看诊顺序安排让她觉得委屈，比她晚来的都已经看了，为什么迟迟轮不到她？我不知道到底是叫过号，但她没听到，或是她被跳号漏掉，人都走光了，也无从查证。我想陪她多坐一会儿，但肚子实在饿得咕噜叫，临走前我不放心地说：“知道怎么回家吧？哭完回家好好睡觉，我们下次再说。”她点点头。

长期被压抑的疼痛

下次门诊，刚过三十岁的她苦恼地说，她好不容易才把身体养好，但最近主管要升她为管理职，加上有异性追求，人生有好多事应付不完，生活压力好大。

她过去好几个月，全身莫名地疼痛，做过各种生理、影像检查，医生们都说：“没事，一切正常。”她经常痛到没办法出门，周遭朋友、同事都不解，明明没有毛病，她为什么老喊痛。她直觉自己不对劲儿，持续上网、逛书店找资料，偶然翻阅我的书《一生的健康与自在》，里头提到纤维肌痛症的症状，觉得符合自己的状况，所以挂我门诊。根据诊断标准中的十八个痛点，她有十一个痛点跑来跑去，我给确诊为纤维肌痛症，给她抗忧郁剂治疗，并指导她放松、跟身体玩。

最简单的就是从泡澡开始。我建议她尝试各种不同香味的精油，撒上花瓣，或来个泡泡浴。或者，练习瑜伽伸展、深呼吸、静坐冥想、穴道按摩。她认真安排生活，平日找时间做运动。周末假日，她喜欢去河堤、自行车步道骑脚踏车，享受疾驰的快感。

半年后，她的疼痛获得控制，逐渐减药。不过，上个月公司考虑升她做主管，成为她的压力源。她不喜欢管人、怕得罪人，也不敢凶别人，因为她害怕冲突。她从小生长的家庭，争吵不断。当建筑工人的爸爸嗜酒如命，一喝醉就对妈妈拳打脚踢。妈妈长期生活在恐惧中，有忧郁症，经常闹自杀。姐姐很快地就找人嫁了，逃离原生家庭。她大学就离开家，同时打好几份工，赚取自己的学费与生活费。

工作场合里，陆续出现几位异性向她表示好感。她知道，自己年纪不小，要好好把握机会，但认识男人对她来讲也有压力。她非常抗拒肢体接触。“我不习惯别人碰我，也不知道在怕什么。”她说。

听完她的故事，我更明白为什么她上次在候诊区大哭。她在成长过程中，需要压抑自己，不轻易感受或表达感觉，甚至要把悲伤或愤怒隐藏起来。担任主管职和异性示好，让她连接过去负面的家庭经历，触动她内在的伤痛、惊吓与害怕。她一直不被允许表达自己的感觉，要求自己当个“好小孩”。不过，在一个她感觉到放心、没有压力的环境，她内在的“小孩”会跑出来，才允许自己哭。

她最需要的是把思虑过度的头脑放下，连接自己的感觉。我对她说，身体可以帮助你释放深层的负面情绪，更靠近内在的“小孩”，持续做任何喜欢的运动，唤醒身体的能量。

她看来有点茫然。我站起身，双手交叉环胸互抱说：“你一直处在防卫的状态，任何东西都进不来。”接着，我伸开双臂，“练习把自己打开，新东西才会进来。”

没多久，她交了男友，展开人生的第一段恋情。

如何找回身体的感觉？

如果曾经历重大惊吓，容易封闭自我，抗拒连接内在的感觉。如果长期处在封闭的状态，能量停滞不动，会透过身体的症状显现。

故事中的当事人就是以慢性疼痛表现，而一般人也可能为了维持基本礼貌或表面和谐，习惯压抑许多负面情绪与能量，长期累积的压力、怨气、焦虑，甚至愤怒，最后都有可能转变成身体的疾病与痛苦。

而身体活动可以唤醒生命能量，重新和内在连接，走向疗愈。想要与身体对话，你可以：

· **先赞美自己的身体**：一直告诉自己：“我好喜欢自己的身体，不管俗气的标准如何，我，就是喜欢自己的身体。”

· **放松身体**：在门诊时，我常建议当事人从肌肉放松法做起。这是心理学家杰克森（Edmund Jacobson）所创，所以也称为杰克森肌肉放松法，方法如下：

1. 将眉毛慢慢地往上扬，尽力地往上扬起眉毛，再用力，更用力。好，现在慢慢地放松下来，让眉毛四周的肌肉慢慢地放松，再放松，更放松。

2. 慢慢地将眼睛闭上，用力闭紧，同时将眉头和鼻子皱起来，用力地闭紧眼睛，用力地皱起眉头和鼻子，再用力，更用力。好，现在请你慢慢地睁开眼睛，松开眉头和鼻子，让眼睛周围的肌肉都渐渐地放松开来，再放松，更放松。

3. 请你慢慢地咬紧牙齿，用力地咬紧，再用力，更用力。好，现在请慢慢地松开你的牙齿，让脸颊的肌肉慢慢地放松开来，再放松，更放松。

以上的指导语只训练脸部的肌肉，可以逐渐从远心端的肌肉群往近心端的做。例如，接下来请你慢慢地耸起肩膀，用力地耸起，再用力，更用力，继续用力。好，现在请你慢慢地放松下来，让肩膀的肌肉慢慢地放松下来，再放松，更放松。

在紧绷和放松之间，察觉身心的差别，慢慢用力，再慢慢放松，找到自己和缓的韵律，不要操之过急，这样才能达到最好的效果！

· **做瑜伽**：透过身体的伸展和适当的呼吸，练习与身体对话，减少心中杂念。参加坊间常见的各式正统瑜伽班，每周两三次，要有耐心，也不要逞强，一步步慢慢来。与身体对话可以产生自疗力量，找到心灵深处的恐惧。

· **宠爱自己**：多泡澡，用些不昂贵的芳香精油或泡泡浴泡澡，生活中给自己一点小小的奢侈！偶尔到SPA做身体油压或经络按摩，不一定要加入会员，有信心不接受太多推销，多体验不同方式、机构与芳疗师，不要被“催眠”般地买了一堆产品，或是交了一堆会费，可以三五好友结伴去体验。

给太过追求完美的女人的恋爱建议

亲密关系会让人敞开心胸，也会牵动过去的内在伤痛，而个案中的当事人过去刻意抗拒亲密关系，背后原因是恐惧。

· **觉察恐惧如何影响你的亲密关系：**敏感、紧张与恐惧的身体，伴随着情感的因素而纠缠、压抑，放松身体有助于重整过去不好的经验与感情情结。身体愈自由，愈可以释放逃避与压抑的痛苦，整理过去可能纠结不清的情结与故事。

· **让身体带领你：**先站定，双手轻松下垂，逐渐将双手平抬至与肩同高，并向外延伸展开，借由身体引导心灵的开展，学习让外界能量进入你的身心。

· **请相信自己是勇敢的：**放掉矜持与害怕，相信自己长大了，有能力保护自己，一步一步去感觉亲密关系的正向能量。好的亲密关系会让你与对方成为更好、更喜欢自己的人！若是感觉不对劲或负面能量增强，先退后一步，深呼吸。如果确定这种感觉仍再出现，轻轻转身离开。有技巧的女孩会懂得保护自己，有困难的话，请勇敢寻求亲朋好友或专业人士的协助。重新整理呼吸与心绪，可以继续展开双手向外，不要再躲起来了。

To不会恋爱的宅女

如果一直很想谈恋爱，但见到陌生人会害怕，紧张到讲不出话、手足无措，怎么认识异性？如何进行约会？这就是让她苦恼的问题。

三十二岁的她，只敢躲在网络上认识人，她可以和陌生网友掏心掏肺地谈天，每天往来好几封电子邮件，内容火辣又亲密。然而，经过几个星期的热烈通信、密集在线聊天，对方想约见面时，她马上变冷，封锁对方，从此不再往来。

她说：“我从小爱看罗曼史小说、纯爱漫画，非常渴望谈恋爱。亲朋好友曾想过帮我安排相亲，但我害怕见陌生人，所以都推掉。下班时间我全花在网络交友上，但一谈到见面，我就退缩，担心自己不够漂亮。我觉得自己被困住，我想改变。我到底哪里出问题了？是我太害羞吗？”

她是典型的社交焦虑症。这类患者对社交场合感到焦虑，害怕接触不认识的人，习惯和熟人在一起。在陌生人面前，常紧张到说不出话来，也不敢吃东西、提笔写字，甚至会脸红心跳、发抖或出汗。可是，躲在网络后面，她们却可以和陌生网友讲内心话，建立心灵亲密感。精准地说，她们害怕、焦虑或恐惧与陌生人面对面，尤其是眼神接触，担心别人怎么看自己，所以逃避这类场合，长时间宅在家里，流连在网络世界。

“萧医师，我都三十多了，连我自己都受不了自己这样。跟网友认识又如何，在网络上谈得来又如何？我这样下去，根本不会有结果。我也想跟别人一样谈恋爱，找个看得见、摸得着的人，而不是面对一个个网络昵称，整天幻想对方是个什么样的人。天知道，那些圈圈叉叉代号的后面到底是男是女啊？”

她来找我之前做了功课，填过网络筛检量表，怀疑自己有社交焦虑症。经过我确诊后，她松了口气说：“啊！终于找出原因了。”我开药给她吃，安排会谈治疗，最重要的是，学习社交技巧。我通常建议这类个案当事人从练习打招呼开始。跟人问好，注意对方反应，不要想自己的感觉。若有目光接触要面带微笑。最后，她们“敢”去跟店员要求换货或退货。

用心斟酌，才会遇见对的人

由于她想改变的决心很强，两三个月后，她就能完成上述的任务。过去，她只是不知道怎么做。当她下定决心就医面对自己的问题时，她发现其实那些忧虑、担心可以用更好的方式响应，而不是被它们困住。她兴奋地告诉我，她要出去认识人，准备跟陌生网友一起去猫空喝茶。我对她的进步感到开心，也满心祝福她。

没想到，她第一次见网友就被下药，而且还是跟她聊好几个月的网友。“萧医师，我感谢你，我平常有吃你开的安眠药，知道那种头昏的感觉。不过，他下的药应该和我平常吃的差不多，没有嗜睡感觉，所以我还可以逃掉，原来社会新闻都是真的。”她说。当天回到家，她立刻封锁所有网友，撤掉部落格、网络相簿和社群网站，决定以后只上网收发e-mail，不再进任何网络聊天室、交友网站。

这个事件让她变得比以前更退缩，更害怕接触陌生人。往后几个月的门诊、会谈，主要是帮助她重建对人的信任感。我们花许多时间整理她的情绪、不安和恐惧，也试图让她了解，走出去认识人其实是开放自己，代表好的、坏的都有可能进来。而发生这个事件，只能说运气不好，碰到可恶的坏人，但是不要因此否定过去的努力。请给那个当下的自己，按个赞！

我建议她，与其纠结在“为什么会是我”的被害者心态上，不如把时间花在找解决方案上。除了网络交友，还有什么方式可以安全地认识人？例如，找身边亲朋好友介绍，或参加坊间婚友社活动，都比较令人放心。最重要的是，建立正确心态，放轻松去认识人，谈恋爱也是需要练习的，没有人能一上场就挥出全垒打。

当她心态调整正确，机会也会自然出现。不只是亲近的朋友，就连隔壁部门的同事或搭同班公交车的大姐，都会热心帮她介绍合适对象。她也报名参加婚友社的各种活动，跑过一对一的单独见面相亲、三分钟的团体快速相亲，或者是周末假日的联谊出游活动。

不管是熟人介绍的午餐约会，或者婚友社的排约，她来者不拒。下班后，她赶忙奔赴排约，常花一两个小时转公交车再转捷运，才能与相亲对象见上一面。相亲通常是见面寒暄、破冰谈话、拼命想话题聊，有时谈得来，有时冷场，最后谢谢再联络。每次赴约，她都希望会遇上那个对的人，但她有感觉的，人家不见得会来约；她没感觉的，勉强自己赴约几次，最后婉拒对方。每次会面，她心情也像洗三温暖（台湾把“桑拿”称作“三温暖”），从兴奋期待到失望落空，拒绝人或被拒绝，花时间收拾自己的心情，等待见下一个男人。

在最近一次门诊时，她说：“萧医师，认识人怎么这么累？”

我看着她这一路走来跌跌撞撞。我说，认识人的过程，就是这样啊。请重复对自己说，最糟的状况我都熬过来了，我一定可以的。怀抱希望，你会遇到对的人。

如何增进社交技巧？

故事中的个案，从原本只敢在网络上与人攀谈的宅女，好不容易克服自身与人互动的焦虑不安，出门认识人，却发生被网友下药的事件。不过，危机就是转机，这使得她学会慎选交友渠道，并积极参加相亲联谊活动，练习与异性面对面相处。想要异性缘好，前提是要有好人缘、多交朋友，同性、异性朋友都要有。个性害羞、不擅社交的你，下列建议可以帮助提升沟通技巧：

• **露出笑容：**平常见到人就要笑。发自真心的笑容具有感染力，能够制造愉悦的交谈气氛。当你笑脸迎人，别人也会微笑以对，这是自己可以营造的正面能量。从心底笑出来的秘诀，在于面对任何事，都能感恩、轻松看待。

• **眼睛会说话**：打招呼、交谈时，看着对方的眼睛，传达“我认真在听”“我重视你”。迎接对方的视线，能让对方觉得受到重视和肯定，产生信赖感。如果谈话冷场，你不知道要说什么，用热切、专注的眼神注视对方，会让对方觉得你对他有兴趣，想开口说话。

• **跟镜中的自己说话**：直视自己的眼睛、眼神放柔，练习自然的笑容和合宜的脸部表情。有些人说话不自觉嘴角上扬、下巴略微上扬、挑眉或皱眉，看起来傲慢、瞧不起人。虽然心里没那个意思，却会让人觉得有距离、产生反感。

• **谈话**：随意打断或插话，或说话爱吐槽，会让对方觉得不受重视。对方说话时，要适时给予响应，建议点头、微笑或归纳复述谈话的重点，让对方知道你能够理解他讲的话，并分享自己的想法，谈话有来有往，才会感觉“谈得来”。

• **用心倾听**：聆听比说话重要。观察对方行为和听进他讲的话，从中了解他的喜好，找到双方有共鸣的话题。平常培养广泛的兴趣，关注流行时尚、潮物、投资理财、运动赛事，什么都能聊，成为一个丰富的人。聊不完的话题，谈话又有趣，这样的人谁会不想亲近呢？

到底是害羞还是社交焦虑？

喜欢宅在家、个性害羞内向，不是不可以，但如果“自觉”这些特质影响到日常生活或亲密关系，想要改变也是有方法的。害羞是个性的一部分，多半不会影响正常社交活动，假如害羞到不习惯听自己说话的声音，可能就要注意。若进一步到害怕与人互动，甚至严重到恐惧的程度，则可能是社交焦虑症。

社交焦虑症属于焦虑症的一种，又名社交恐惧症，患者常被认为只是比较害羞。他们害怕对权威说话、参加社交宴会、参与小团体谈话，担心出糗或看起来笨拙。以下简易量表可以帮助厘清你到底是害羞或是社交焦虑：

·我最害怕当众出糗或看起来愚蠢的样子：

没有0　轻度1　中度2　重度3　极度4

·我害怕出糗，以致避免做某些事情或跟别人讲话：

没有0　轻度1　中度2　重度3　极度4

·我避免参加会成为众人注意焦点的活动：

没有0　轻度1　中度2　重度3　极度4

若总分高于6分，要高度怀疑社交焦虑症，建议求助于专业人员。

一般来说，社交焦虑症可使用选择性血清素再吸收抑制剂（SSRI）、血清素及正肾上腺再吸收抑制剂（SNRI）和抗焦虑剂治疗。若与医师好好合作，服用药物一段时间（6～12个月，因人而异），提高体内血清素（中枢神经传导物质），加上专业认知行为治疗，慢慢参与社交活动，循序渐进练习社交技巧、公开演讲，治疗效果才会好。

没有光的爱情该如何是好

许多单身女子来看我，是因为爱上有妇之夫。她们多半不知不觉地当了第三者，但有圆满结局的外遇并不多见。当她们痛到不能再痛时，自行离开，或那男人出尔反尔地结束婚外情。我通常不加以评断，只是听着她们诉说心痛的故事，陪她们走一段破碎后新生的疗愈之路。

她是位杰出的女医生，外貌美、学历高、收入高，是众人眼中的天之骄女。在工作上，她被要求成为一个极端理性、独立坚强和勇于挑战困难的人。她一直对自己的理性感到自豪，从不相信爱情这东西，尤其厌恶“你爱我、我爱他、他爱你”那种爱不完的连续剧，连爱情浪漫轻松喜剧片，她也无法忍受。

她谈过几段青涩的学生恋情。对她来说，只要一有冲突，就是要分手的时候，因为他就不是那个对的人，何必花力气去争吵或想办法，下个男人会更好。在她还没遇见他之前，她也会毫不留情地痛批第三者自私、在道德上松懈、不考虑人家有妻有子，怀疑那些人是否明白是非对错。

“我这辈子就栽在这男人身上。”她愤愤地说。他们在同一家医院工作，当时她是住院医师，他是备受期待的新秀主治医师，研究、教学和看病屡获奖项肯定。两人相差十岁，喜欢学术研究，他常派她做实验、搜集数据分析和撰写论文。他们热爱工作，在医院的时间远超过在家的时间。

几次科里的聚会，她见过他美丽的妻子和活泼可爱的儿子。理智上，她从不觉得自己会爱上一个有妇之夫，两人维持亦师亦友的互动。三年下来，他们一起吃饭、喝咖啡、出国开会的机会愈来愈多，只要眼神一瞥，就能猜到对方的想法。后来，他们愈走愈近，开始这段秘密外遇。

在确认彼此的感觉之后，他们小心地不出现在医院以外的公共场合，私下相处的时间也很短暂。他们偷偷摸摸地谈着办公室恋情，总在办公室各吃各的便当，也不曾一起溜出去花很长时间吃午餐，装作只是一般熟识的同事，从不表现得太明显。但是，躲躲藏藏、不能见光的婚外情，又和工作混在一起，使她活在秘密与谎言里，日子很快变得一团混乱。

一个没有光的地方

她来看我时，他们分分合合已经有七年。她神情憔悴，长期吃不好、睡不好，也有暴食、厌食的问题。她害怕独处、天黑，夜里常抱着棉被痛苦偷哭。她不敢让身边的亲朋好友知道这段恋情，只能半夜打越洋电话向远嫁美国的好友倾诉。星期日是她最难熬的日子，因为他要陪家人出游，扮演居家好男人，而她则选在那天独自去超市采购。她一个人住，明明知道会吃不完，但她一定买家庭号包装的牛奶、冰淇淋、肉片和生鲜蔬果。等食物快坏掉，她也不敢把它们直接丢进小区的垃圾车，担心被大楼管理员发现她的怪癖，她经常偷偷开车载着快过期的食物，去附近的工地或山区道路喂流浪猫狗。

他不在的日子，她最爱窝在厨房做菜，从开胃前菜、主菜，一道道做到甜点。她不爱做普通家常菜，喜欢做异国风味料理，泰式椒麻鸡、韩式海鲜煎饼、意大利千层面、提拉米苏和吉士蛋糕都难不倒她。她常做满一桌子菜，分量足够填饱七八个人，特别用精致昂贵的瓷具装盘，摆上好几副碗筷，再开一瓶昂贵的红酒。

面对满桌好菜，她感到特别空虚寂寞，要求自己把菜吃光光。吃太撑，她就跑到厕所催吐。菜吃不完，她索性往马桶里倒，长期下来，竟然堵住整栋大楼的排污水管，造成其他楼层的马桶堵塞、粪水外溢，需要出动抽水肥车清理化粪池。邻居们找出祸源后，要求她支付那笔清洁费。她每次走进电梯，看见那张用红色大字张贴的“请勿丢弃食物到马桶”，就像一巴掌打在她脸上似的，让她难受。

最难熬的星期日，她需要靠酒精才能度过，常让她星期一爬不起来，需要临时请假，耽误工作。失眠、酒精和暴饮暴食扰乱她的生活秩序，也使她变得焦躁不安，情绪时好时坏，跟那男人上演“争执、大吵、冷战、分手又复合”的戏码。

她说：“这几年来，他一直嚷着跟太太的感情淡了，但太太没有什么过错，他也不忍绝情离异，再三跟我保证：再给我一年时间，我一定和她离婚，永远跟你在一起。我们就这样一年拖过一年，我不知该不该再相信他的承诺。我是个死心眼儿的人。他是我愿意选择的人，各方面都很契合，可惜我们没在对的时间相遇。我也曾因为罪恶感，放弃过对他的爱，想逃离这一切，但只要他低声下气挽留，我就软化。他把我的世界搅得天翻地覆，我却狠不下心离开他。我真是犯贱！这是真爱吗？我不知道。我都快不认识我自己了，我的心好痛，我不想再待在一个没有光的地方。”

我们花了一段时间厘清她的内在冲突，重建生活秩序。起初，我开了些药物帮助她好好睡，可以一觉到天明，逐渐减少对酒精的依赖，找回原本的生活步调。而她暴食催吐的行为背后，是因为她渴求温暖，转而用食物取代。我对她说，唯有自给自足的爱，才不会匮乏。请好好爱自己。

七年来，她和那男人分分合合。某天，她说：“我不知道为什么，我看到他不再那么痛苦。十年的时间太长，我终于准备好接受真相，其实它就一直在那边。真相是，他永远不会履行对我的承诺，因为他没那么喜欢我。回头看看那些追求我的男人，我一个个错过。以后也许再也没办法如此盲目地坠入爱河，但我不要再爱得那么痛。”

后来，她再也没和那男人往来。

谁容易不知不觉成为第三者?

在我十多年看诊的经验里，极少数的第三者最后能被扶正。婚外情里的“小三”不敢与朋友们谈论这段感情，得到的情感支持远低于原配，备感孤立，更加依赖外遇男人，最后身心俱疲。她们放不下的，不见得是那个男人，而是自己付出的情感。她们多半具有“竞争型”人格，别人有的，她也一定要有，总要在竞争过程中获得成就感，喜欢“赢”的感觉。哪些人容易成为“小三”?

· **自恋的边缘性人格**：少部分拥有边缘性人格的女人，可说是天生的“小三”。她们相当自恋，总希望自己是舞台上的焦点，平常人际关系不稳定，于是在感情世界中找寻肯定与成就感。

· **没有自信又缺父爱**：在成长过程中，对自己没有信心，且缺乏父亲关怀的女生，长大后也容易成为“小三”。一来自己不懂得拒绝，二来缺乏自信。一旦遇到有人追求，即使对方已是有妇之夫，她也会义无反顾地投入，享受赢的快感。由于从小较缺乏关爱，长大有能力后，她会积极追寻自己想要的关注。

· **迷恋职场中的权力**：部分初入职场的小女生对于职场中的权力、地位会有些迷恋，如果主管前辈是已婚成熟的男性，在指导的过程中就可能跨越正常关系，不自觉地成为“小三”。

第三者如何复原？如何处理内在冲突？

当“小三”，最难面对的是自己。她们多半是痛到不能再痛，才会断然割舍这段情。复原过程中，她们需要学会跟自己和解，收拾破碎的心，才能在痛苦中新生，取回爱的能力。第三者如何走向新生？

·看清愤怒的根源：责怪那男人轻而易举，或把伤害归咎于那段没有结果的感情，很容易将能量转移到外在的人与事物而疲惫。将焦点带回内在，并看清他人是我们认识自己的一面镜子。亲密关系会触动我们的内在嫉妒、怕被遗弃和怕被拒绝的情绪，诚实面对自己，才有可能在痛苦中成长。

·与自己的阴影相会：心理学家荣格认为，人都有阴影，代表我们内在必须隐藏压抑的一面，是野性难驯、激情的原始本能。跟外遇男人在一起，等于进入自己的阴影，说谎、欺瞒和背叛，可能都是过去批判或想象不到的负面自己。我们内在都有一个“理想的我”，想要显露自己的光明面，大部分时间很努力要做众人认为正确的事。当我们达不到这种理想时，内心产生挣扎，更觉得自己自私和没有价值。此时不要去抗拒，而是去了解和接受有“阴影”的自己。光明善良和黑暗邪恶都存在我们自身，但面对自己的黑暗面，更需要勇气。不带批判的眼光，只是全然地接受生命中发生的一切，看着它、感受它和允许它发生，相信生命会带领你走回属于自己的光明。

真的有想分却分不掉，想走却走不开的恋情吗？

请相信，选择权永远在你手上，只要你愿意，随时都可以走开、离开一段不合适的关系。即使这段关系让你感觉美好，但如果伴随而来的怀疑与不安，远远超过甜蜜，如果它带来的是压力、焦躁不安而非自信、愉悦与自在，请慎重考虑这段关系，问自己："他真的是那个对的人吗？这段关系有未来吗？我们两个的目标一致吗？"

许多人明知道"我俩没有明天"，却仍然陷溺其中，其实是因为不愿意看清事实，痴想对方总有一天会改变，因此对现况妥协，有些人花了几个月甚至几年才认清事实。

进一步来看，多半是恐惧让人分不开、走不掉，害怕这世界除了对方以外，再也没有人会和自己在一起。尽管这段关系"以爱为名"，但它只会让你慢慢讨厌自己、自尊低落，在你内心深处渴望被更好地对待，而不只是偷偷摸摸、填补空当时间的备胎。一般来说，像人家的老公或男朋友，有酒瘾、嗜赌或药物成瘾者，这类对象最好不要碰，因为你要跟其他人、东西竞争他的心。

如果这段关系让你有一丝丝的迟疑和担心，看看《若我条件如此之好，为何依然单身》一书里，提供的以下问题来检视这段关系对你是否有帮助：

· 你欣赏的人格特质有哪些？他符合几项？

· 列出自己未来五年的人生目标。在你的人生蓝图里，他会是你的助力还是阻力？

· 他有哪些优点？他有哪些缺点？

· 这段关系带给你的快乐，有比痛苦、挫折和压力还来得大吗？

· 请尽可能写下跟他在一起的理由。

· 请尽可能写下他可能不是那个对的人的理由。

找个安静的地方，花45分钟重新审视上述每个答案。倾听内在声音，相信内在智慧会引领你做出正确的判断。

说“不”并不容易，但我们的心要空出来，那个对的人才进得来。一旦知道离开对自己比较好，愈快分手愈好。谈分手时，态度要坚定，只需要告诉对方你的决定，不必详述理由，但可以用具体的例子感谢对方过去的付出，留下优雅告别的身影。

爱错了人懂得及早抽身，也是亲密关系里要学习的功课。“有时候，我们需要很坚强，才能守护自己的柔软心地；有时候，我们需要很绝情，才能坚守自己真正想要的爱情。”大陆网络人气作家扎西拉姆·多多说。

给单身女神的箴言

“医生，我搞不清楚对他的感觉是什么。我生病时，他照顾我，我很感动，但我从来没想过跟一个年纪比我小、职位比我低的人在一起。该不会是生病让我孤单脆弱，错把感激当感情吧？”

四十二岁的她，从来不缺约会对象，却一直没有考虑结婚。突如其来的一场病，加上男部下的真心告白，让她开始思考结婚、生小孩会不会太晚。她明白自己再也不能躲避这些问题，是时候要做出重大承诺了。

爱情来了

她非常有魅力，朝气十足。她从小跟着当外交官的爸爸周游列国，精通好几国语言。毕业于常春藤名校，她在跨国企管公司担任经理，负责企业并购，经常出差。她每天早上9点上班，到了半夜12

点、次日凌晨1点还在公司，每个夜晚她不是和部下一块吃饭、喝酒，就是和客户应酬。她每个月顶多只能跟约会对象见上两次面。“大概没几个男的，受得了我比他们还忙，最后总不了了之。”她自嘲地说。

然而，几个月前，她半夜3点肚子疼，硬撑着身子叫出租车到医院急诊。经过一番折腾的检查，医生说是盲肠炎，若不紧急开刀，可能恶化成腹膜炎，立刻帮她安排手术。躺在急诊室的床上，她蜷缩身子，手按着肚子。护士小姐声声催问，要找谁来签手术同意书。

三更半夜，她不知道要打给谁。她家人散居在不同国家，只有她一人在这里。她最后打给公司里跟她最久的一个男部下。他接到电话急忙赶来，帮忙她填写表格，去柜台办理住院手续。除了跑腿，他也帮忙推床。进手术室前，护士小姐又拿着手术同意书过来问，这是你的谁？是什么关系？她睡意蒙眬地胡乱说些什么，一点印象也没有，却清楚记得护士小姐一直逼问他们到底是什么关系。

他年纪小她八岁，比她早进公司三年多。她是被挖过来的，做他的直属长官。她底下有三四个人，除了他之外，其他几个都刚出校门不到一年。每次看到新人拿不出交办事项的成绩，或满口道理却提不出具体计划，她就会抓狂，把属下的工作全部包办。而他比较会带人，总能试着把工作拆解，耐着性子教新人，按部就班地完成。

住院的那几天，他没让办公室里其他人知道她住院，她暗地庆幸同事或她底下那些人没有看到自己披头散发的模样。他没有在床边握着她的手，但会按时打电话来关心她有没有吃药、吃饭。即使他跟外国客户半夜刚开完会，也特地绕来医院看她，跟她说几句话再回家。

出院那天，他帮她处理好一切，提着她的东西，陪她回到住处。

共事的两年来，她一直拿他当弟弟看，没有掺杂浪漫感情。不过，这次住院让她第一次感受到被人呵护和宠爱的感觉，对他再也回不到以前那种漫不经心、单纯而无感的心绪。她愈来愈期待看见他，听见他的声音，享受他的陪伴，两人私下共处的时间也愈来愈长。没多久，他向她告白，原来他偷偷喜欢她很久，每次看她的约会对象，条件比自己好太多，觉得自己高攀不起，迟迟不敢行动。“我想照顾你，请认真考虑与我交往。”他说。

她把故事讲到这儿，忽然抬起头，对我说：“医生，我对他有感觉，但不知道那是激情、感动，还是别的什么？之前比他条件好的人追我，放掉，我也不觉可惜。我和他差太多，我们年纪、学历、收入都不匹配，我年纪比他大，学历比他好，薪资更比他多好几倍。”

陷入的感觉引发她内心强烈冲击，这段感情逼她反思过往的感情关系。我直接反问她：“你觉得他条件比你差，担心带不出去？你有没有问过他，为什么喜欢你？现在你内心的混乱，何不通过约会澄清彼此的感觉。”

开口说爱你

她回去找机会问那男生，为什么喜欢她？

“没有为什么，就是喜欢你。”他答。

她点头答应他的追求，但要求低调进行，因为她仍然害怕别人的眼光。半年后，她又来看我，谈她喜欢他的温暖明亮，让她觉得安心、有安全感。因为她，他跑去念研究所，希望能跟她旗鼓相当。她明白自己是喜欢他的，可是她不确定两人的感情能走多远，再下去就是要往结婚的路上走。

我蹦出一句："你爱他吗？"

她有点反应不过来，想了一会儿才说："我想应该爱吧。"

"很棒啊！你比以前更清楚自己对他的感觉。"我说。

之前，他也曾对她说过"我爱你"，但她草草带过，因为她还没准备好要面对两人的未来。我建议她，练习把爱说出口，勇敢往前走看看。后来，她鼓起勇气对他说"我爱你"，下定决心公开这段情。

她配合他开始穿平底鞋，也陪他回家去见父母。同事里有人大方祝福，也有人窃窃私语说他看上她的钱，想走裙带关系往上爬。但是面对外界的眼光，他们愈来愈坚强、坦然，确定会往结婚那条路上走。

最后一次门诊，她说："以前我也会想找个符合社会期待的男人，但遇到他之后，我愈来愈清楚，他就是我要找的人。过去，我以为终将遇到某人能把我害怕孤单的恐惧带走，我现在发现，担忧、恐惧、害怕的情绪还是存在，但在他面前，我可以更开放地接受自己，甚至包括那些负面情绪。因为被爱，我变成一个更好的人。"

给"三高"女的恋爱建议

许多资深单身女郎像故事的女主角一样，学历高、收入高，为了工作可以付出任何代价，甚至不惜延后感情的发展。她们有房、有车、有钱，最大的烦恼就是"好男人都到哪儿去了"。想要遇到好男人，你可以：

· **不自我设限**：如果执着于职业、收入、身高和学历的外在条件筛选对象，选择范围会受到很大的限制，也有可能错失好男人。女大男小的组合，也可以是“三高”女的选项。给别人机会，也是给自己机会，故事的女主角愿意给男部下一个机会，才发现他个性体贴、懂得照顾人的优点。而日剧《Around 40（女人四十）》，也提供类似的观点，四十岁的女精神科医师与收入、职位较低的三十三岁心理师最后在一起，并考虑结婚。

· **展现温柔特质**：女性在职场上拼斗，尤其是爬到主管阶层，习惯用命令、攻击、武断的态度处理公事。不过，这些特质会让桃花远离你。男人并不希望被否定或被指挥，听到女人对他说“我不是早就跟你说过了吗”“要是我会怎么做……”尽量用正面的言语，多看对方的优点，鼓励对方表现，但不是刻意讨好或故意装不懂。柔软的态度让人觉得温暖、想多跟你亲近。

· **找合适的对象**：寻觅另一半的过程，就像买鞋，一定是从过去经验找相近的尺寸试穿。多累积约会经验，可以当作试穿不同的鞋款。多看、多比较，才能找到最合脚的鞋，但往往它不见得是最漂亮的。找对象也是如此，外在条件并不抢眼的对象，有可能经过相处后，发现两人的价值观、金钱观和生活习惯能配合，其实是个合适的对象。千万别幻想找到一个天生知道你在想什么的完美伴侣，天作之合是需要双方有时间、有意愿去磨合，才可能发生的。

非正常取向的关系如何破冰

她走进诊间，嘴角紧抿，面无表情，环顾四周。

她妈妈焦急地守在门外，二十来岁的她，离家一年多，跟女性好友租屋同住，两人一起在KTV当服务员。“她和那女生成天黏在一起，好得太出格。”她妈妈怀疑，两人关系不寻常，但一直不敢问，希望我跟她女儿聊聊为何不回家。

她妈妈在我这里看诊已经一年多，从更年期症状谈到家庭问题，抱怨先生脾气暴躁、爱喝酒，担心女儿不肯回家。先生责怪她没把女儿教好，成天在外面鬼混。我劝她别急着逼女儿回家，先跟女儿重新建立关系、培养感情。她把我的话听进去，过去几个月，她常拎着双份早餐到女儿住处，等女儿和那女生下大夜班回家。她不再像以前频频催促她回家，而是简单几句问候，就掉头离开。

我先开口问女儿：“你妈妈来看我很多次，她非常担心你。要不要等会儿跟妈妈讲一下，为什么不回家？”

她有点激动地说：“她不知道她很白痴耶！家里不会同意我跟她在一起，所以我才搬去跟她住。我这辈子不会结婚，看我爸妈这样也很无聊。”

她停顿一下，接着说：“医生，我跟她最近常吵架，都是为了钱。她觉得我赚得不够多，没法给她足够的安全感。她这些都是屁话，只不过在找借口离开我。我们注定是一段没有结果的感情，最后她还是会随便找个男人结婚生子。”

我突然懂了，她今天为什么会跟妈妈来看我。原来她想谈那女生，想知道她们之间可能有未来吗？

“我认识好几对，她们在一起很久，到四十几岁感情还是很好，会互相陪对方来看我门诊。”我说。

她看起来有点迷惘，但脸上线条柔和多了，讲起她们之间的故事。她们是五专同学，但不同班，在一场与外校男生联谊的活动中认识。后来，那女生常约她一起逛街、看电影。有一天，那女生主动亲了她，确定彼此心意，她们陷入热恋。虽然也有男生示好过，但她都坚定地拒绝。毕业后，她们各自搬离家里，因为知道家里一定不会允许这段感情。

但相爱容易相处难，那女生想要的许多东西，她认为没必要，而且也买不起。最难受的是，她发现那女生躲着她跟男生偷偷讲电话。

我接着问：“这些事，妈妈知道吗？要不要跟妈妈讲看看？”

她有点赌气地说：“唉，没讲啦！她大概有猜到啦！不然，医生你帮我跟她讲清楚也好。”

但是我说："我们三个人在一起，你同意我才能说，也确定我没有把你想表达的方式与内容传达错误。"

我使个眼色，麻烦护士小姐开门请妈妈进来。妈妈满心期待地走进诊间，难得女儿肯跟医生讲这么久。

我和女儿眼神交错，她点了点头。我表情平静，直视妈妈的眼睛语气沉稳地说："妈妈，她是女'同志'，现在跟女朋友在一起，不要担心！"

话一说完，妈妈无法控制情绪，号啕大哭。妈妈或许早就猜到，但当真的证实时，还是难以接受。而脾气倔强的女儿，本想忍住不哭，一直用手背抹去眼角渗出的泪。妈妈费力地挤出一句话："不管怎么样，我都会支持你。"女儿伸手抱住妈妈，母女抱头痛哭。

几个月后，我听妈妈说，两人最后还是分手。女儿决定搬去跟阿嬷住，会经常回家，等过完年就搬回家住。

女"同志"该如何告诉家人"出柜"的事?

随着社会开放，愈来愈多人可以接受同性恋。但如果知道自己的亲人或子女成为同性恋，仍觉得晴天霹雳。不可否认，社会对"同志"还是不够友善，甚至存有某种程度的恐惧、排斥或嫌恶。如果你是女"同志"，到底该不该跟家人说?

多数临床看过的案例，"同志"常见的做法是"家人不问，我就不说"。对于性取向，敏感的家人会有感觉或猜测"你是爱女生"，通常也不想说破，彼此心照不宣地过下去。不过，如果家人对性别议题陌生，经常催促相亲或者询问交友状况，当这些举动困扰你，或许可以考虑跟家人据实以告。不管家人是接受或反对，请相信，他们的立场是为你好，有些问题现在不能解决，不代表未来不能解决。

我观察，许多“同志”出于自愿或非自愿地妥协，最后结婚、生子，跟过去的自己做了断。在医学上，性取向是一种认同，绝对同性恋和绝对异性恋是光谱的两端，大多数人介于光谱中间，看是倾向异性恋多，或倾向同性恋多，在青春期就会清楚自己的性取向。但我必须说，女“同志”也可以找到共度一生的伴侣，我门诊里有好几对就是一起来看更年期症状，生病时互相扶持，牵手走到白头。不管你的选择如何，还是老话一句，诚实面对自己，做出选择，勇于承担。

从心动到冷漠，从爱恋到厌恶，

从忘不掉到记不起，从这个人到那个人。

你是怎么从喜欢一个人变成喜欢另一个人的呢？

第二章

当爱情来了又走

幸福婚姻的共同之处是什么？美国记者兼作家米格恩·麦克劳琳说："一场好的婚姻需要多次恋爱，而且是跟同一个人。"讲出了婚姻最重要的基本元素就是热情，包括浪漫的感觉和愉悦的性。当然，只有热情也不足以维系婚姻。另一个是舒服，建立在两人有相近的价值观、生活方式和人生目标等。

会出问题的关系模式有下列三种：一面倒型、冷淡型和风暴型。在一面倒型的关系里，单方拼命付出，对方付出太少或根本就不付出，就像小船上坐着两个人，光靠一个人划桨，终究走不远。

冷淡型的关系是两人相敬如宾、漠不关心，毫无热情的火花，常见的状况是两人无心也无力沟通，在一起的时间久了，累积的问题愈来愈多。风暴型的关系则充满大量的激情和愤怒，无法让人感到平静，常会演变成危险情人或暴力相向。

本章的离婚故事多在这三套剧本里打转。女主角们在离婚里学习"爱"与"不爱"的功课，找到开创新生的积极力量。思索这段婚姻要不要继续下去时，最该问的是："我值得被这样对待吗？"不管如何，请先好好爱自己。

当两人世界变成三个人

“医生，你看我有没有不一样？”当她走进诊间，整个人活力四射，诊间的气氛也为之一振。

“你气色看起来好多了。”我对她说。

“医生，我上个月离婚了。”她语调高昂，难掩欣喜的表情，连眼睛都笑了。她向来不太吐露情绪或心事，通常只说，“我还好，拿药就好。我很忙，下次再谈。”

四十五岁的她，在大型电子公司担任人力资源部门的主管，讲话几乎都不带任何情绪。因为先生有外遇，她经历大量掉发、体重骤降，走过忧郁症的谷底，花了四年时间才离婚。

她最初来看我，是由皮肤科转介过来的，她治疗掉发一年多，只能做到避免掉更多，但始终长不出新头发。那一年，她体重减轻十几公斤，吃不下也睡不着。记得当我问她，先生外遇会不会让她觉得压力大，她出奇平静地回答：“绝对不会。我们什么都能谈，连外遇这件事也摊开来讲。”

两种不同层次的爱

她先生大她两岁。两人都拥有不错的学历、工作，交往五年才结婚，决定不要生小孩，当一辈子的丁克族，夫妻一直都用讲道理的方式沟通。结婚第六年，他跟她坦白喜欢上别的女人，觉得对不起她，但也离不开外遇对象。当时她没有翻脸吵架、哭闹，而是冷静理智以对，耐心倾听先生解释，为什么会发生外遇。

她先生说，爱有很多层次，婚姻和外遇的爱是不一样的。结婚这么久，和她像亲人一样，对彼此是责任，是一种依附和习惯，但和外遇对象是激情的爱，心动的感觉让他整个人又活过来。“因为我还爱你，所以我不想离婚。”他说。

她自忖，换作是她遇到这样的情况，也很难取舍。她选择给先生时间和空间思考未来，两人仍然像以前一起旅行、谈心，讲一下午的话，做彼此最好的朋友。但是，先生回家的时间愈来愈少，从一星期只有一两天不回家，到后来三四天，不到一年，先生就搬去和外遇对象同住。那天他搬光所有东西，“是我对不起你。等你准备好，我们再来办离婚。”他说。

在先生面前，她什么都可以谈，从来不会出现任何情绪化的举动。他们平常很少争吵，即使到最后，她也没有大吵大闹，认为他们之间还有爱。身边朋友都叫她别再帮先生找借口，七嘴八舌出主意。

有人劝她直接放手，赶紧找律师把离婚条件、赡养费谈清楚；也有人认为别轻言放弃，老公玩腻了就会回到她身边；更有人说：“为什么要让他和外遇对象那么好过？不要让那个抢人家丈夫的女人得逞，就算我们不要的男人，也不要轻易将他让给第三者。”

当先生决定搬出去的那一刻，就是用具体行动表达他要脱离这段婚姻。她迟迟不肯离婚，这一拖就是三四年，换来的是她的大量掉发、体重减轻、胃溃疡和失眠，合并出现忧郁、焦虑的问题。

几次门诊下来，我观察到她不愿承认先生外遇造成她的压力，自认她可以做到“分手快乐”，但她内心的愤怒、挫败和失落一直没有得到发泄。过度压抑那些负面感觉，才是造成她身体拉响警报的元凶。

她习惯简略带过先生的外遇，不肯多谈心里的感觉。尽管时间是最佳良药，但有时候我也会适时点出她的毛病：“你没有好好对待自己的身体！”她愣了一下，瞬间飙泪。我拿给她面纸，双方都沉默着。她开始啜泣，还是很刻意地压住已然颤抖的双肩。我继续沉默，时间仿佛凝住。过一阵子，她放声大哭，不再压抑，像个已经忘记怎么哭的人，重新尝试该如何好好地大哭一场。

她哭了大约十分钟，怯声跟我说：“对不起，好丢脸哦！”我轻声跟她说：“谢谢你勇敢地面对自己，一点也不丢脸！应该是要和你的身体说对不起！”

我继续看着她的眼睛说着：“你的身体一直告诉你，它承受不了这么多。你不可能靠吃药解决所有问题，你要讲出来，释放情绪。不必活得那么辛苦、那么累。在我这儿你可以哭、可以闹，不必硬忍！”

半年后，她的忧郁症逐渐好转，下定决心离婚。“理智上，我知道感情这种事勉强不来，没有谁对、谁错，”她说，“我夜里独自一人也会大哭，想着我到底做错了什么？为什么这样对我？难道我不值得被爱吗？要是当时我积极挽回，结局会不一样吗？我们曾经是彼此最好的朋友，精神、心灵和知识层面都能互相沟通，难道过去的爱和美好只是一种幻象？”

“我之前不愿放手，只是不想承认自己被前夫背叛、抛弃，幻想他最后会回头。我害怕以后要一个人孤单过日子。其实，我早就一个人过日子，我们的婚姻只剩下空壳子，只留下身份证配偶栏的名字。逃避离婚，只苦了我自己，我不知过去在硬撑什么，自己折磨自己那么久，”她说，“放下这段婚姻，不只放开前夫，也放开我自己。”

离婚复原的心路历程

尽管故事女主角有自我谋生的能力，社会经验、教育背景都不错，但她花好几年时间才想通，离婚是对自己真正好的选择。面对先生外遇，她仍坚持婚姻有救，对先生友善、包容，表面上仿佛什么事都没发生，实际上却在压抑愤怒，造成她身心巨大的痛苦。拖延离婚的决定，假装对方根本没有离开，只会妨碍她面对悲伤，走向重建新生的阶段。

《重建：重塑婚姻与自我的愿景》一书提到，离婚调适过程因人而异，通常要花一年时间才能越过真正的痛苦、否认的阶段，有人可以快一点、有人慢一点，但也有人需要三五年。过程中，每天像洗情绪三温暖，有时候情绪高昂，有时候情绪低落。为了麻痹感觉，有人会沉溺于药物、酒精，或埋首工作、大吃大喝、忙到不可开交、追求性的刺激，让自己可以不去想离婚这件事。

离婚重建的第一步，就是接受婚姻已经结束的事实。

根据生死学大师伊丽莎白·库伯勒·罗斯博士的“悲伤五阶段”理论，当一个人遭遇重大失落事件，会经历否认、愤怒、讨价还价、忧郁到接受。它们可能会依序发生，也可能在其中几个阶段绕来绕去，转不出来。在离婚复原过程中，从否认到接受会走过以下的心路历程，建议花点时间安静下来，觉察自己的念头和情绪。

- **否认**：否认可以保护我们不会看到太过痛苦的东西，也给我们时间修复自己，等有能力再来面对。活在否认里，认为别人在跟我们说谎，其实是我们在对自己说谎。常见的想法有：“不，他不会就这样离开我。”“这不是真的！”“我到底做错什么惹他生气？”

- **愤怒**：愤怒常常是我们努力要压抑的事，因为多数情况我们会下意识地把怒气压下来。无法表达愤怒的人，往往会延长放开的过程，很难结束对配偶的情感。我们必须能感受到愤怒。刚开始，我们容易怪罪别人害我们愤怒，认为“他怎么可以这样对我”“明明是他出轨，错的人是他，却是我心碎痛苦，而他跟第三者甜蜜快乐地过两人世界”“要不是第三者勾引他，我们不会离婚”。

- **讨价还价**：被提离婚的人常会有强烈的被拒、无能为力、羞愧的感觉，紧抓住婚姻不放，哀求对方不要走，满脑子想复合，想着“求你再给我一次机会，告诉我哪里需要改”“当初要是我怎样，就不会离婚”“我们还可以再试试，我现在和以前不一样”。

- **忧郁**：在这阶段，会觉得“一切都无所谓，反正这世界不会有人在乎我”，甚至有厌世的念头，思考着：“我活在世上做什么？人的一生所为何来？”

• **接受**：接受婚姻结束的事实，开始觉得“这或许对彼此是最好的决定”，摆脱悲伤与痛苦，情绪不再如惊涛骇浪般翻腾，渐渐积极追求自我独立与个人成长。

如何度过离婚后的情绪三温暖?

翻腾的情绪来来去去，但最困难的就是下定决心离开。你可能才想着“我不值得被人这样对待”，但下一秒钟又眷恋过去的美好，犹豫不决。以下提供几个方法度过情绪三温暖，学会放手：

• **认清事实**：一旦你可以客观看待这段婚姻，了解“你们的关系已经病了”，自己必须改变，才能开始往前跨步。作家袁琼琼在部落格写道，“婚姻”是两个人因为爱才愿意成立的一种关系，但到后来大家拼命在维护这个关系，或许已经忘了维护爱。

“爱不是要让自己快乐、对方快乐，要觉得自己有价值，也让对方觉得有价值，要让彼此都感觉自己特殊珍贵吗？爱这件事如果不能让自己感觉独特珍贵、有价值，那么这个爱多少是有问题的。如果爱一个人不能让对方认识他自己的独特珍贵、有价值，那你的爱可能是有杂质的。”她说。

她形容“婚姻”跟人一样，也有生、老、病、死。外遇就像“婚姻”生病的警报，跟人生病的原因差不多：没注意保养、本身不健全、抵抗力不够，或者老化。如果接受婚姻是会死亡的，也许在“婚姻”结束的时候，离开会比较容易。

·决定你要什么：如果想清楚什么是你不要的，接下来就要决定你要什么。失去婚姻，意味着生活要重新调整，那你想要怎样的新生活？建议随身准备一本笔记本，把一闪而过的念头全写下来。当意念用文字表达，就是整理思绪的过程。对未来的想象愈具体明晰，愈有可能将它们付诸实现。

不过，一直停留在想象的阶段，那就只是在做梦。请再想一下，你是否承诺要实现它，如果是的话，请拟好行动计划。建议可以挑选一个一直想达成的目标，而且难度不高，像做一桌好菜、健走、爬山等。把它分为四部分，问自己：“我一天能完成多少？一星期能完成多少？一个月、一年要完成多少？”最后，做成行事历。不要想太多，专注当下，完成计划进度，等于一步步朝梦想前进。

·花时间感受悲伤：《觉悟勇士》一书中写道：“当我们慢下来，对恐惧放松，就会发现悲伤。……这是无惧的第一个诀窍，也是真正勇士之道的第一个征兆。”他说，“对勇士而言，悲伤的体验与柔软的心才能产生无惧。”

学习为情绪找出口，并安全地释放它，如独处时大哭、大吼大叫、找密友谈心、打扫家里、运动。当负面情绪和纠结的念头如潮水般涌出，使你悲伤地哭泣，请温柔地注视它们，暂时让你的心取代脑子，心知道接下来怎么走。别害怕。

·感恩：完成前面的几项功课后，或许就能理解荣格说的“没有一种觉醒是不带着痛苦的”。痛苦会带来成长，祝福发生过的一切，从中看见自己的责任，才能得到力量，迎向新生。

快乐不取决于外在环境，而在于内在的感受。过去的一切一直在那里，唯有改变对事件的看法，愿意对过去负起完全的责任，愿意为自己的情绪负责，才不会一直指责他人，也才有可能发生改变。

对于婚姻，要花多少时间想清楚走或留?

这没有时间表。摇摆不定、三心二意很正常，别认为自己软弱、优柔寡断。重要的是，做出对自己最好的决定。

婚离了，心还离不开

“他半夜送急诊开刀，是我在他身边。公婆去看病，是我在接送。儿子周末是我在带。她凭什么和他在一起？那女人替他做过什么？”四十岁的她，谈到独立承担家庭的责任，包括照料他、念小学的儿子和年迈的公婆，而他竟然交新女友，愈讲愈气愤，声泪俱下。但那个“他”是她前夫，而且已经离婚五年多。

她是追求时尚流行的百货业高级主管，身材高挑，又会穿搭，气质出众，走在路上很容易让人忍不住多看两眼。她和前夫是美女与野兽的组合，两人在工作场合认识，他旗下代理的几款名牌服饰在她公司设柜。他长得虽不俊帅，却是个有魅力的男人，桃花不断。

离婚的原因有很多，主要是他有外遇，前夫后来其实没有和第三者在一起。她想通了，前夫是个好情人，却不是个好丈夫，毅然决然结束八年多的婚姻。“谈起工作，他头头是道，但处理感情，却一塌糊涂。在不同阶段，他需要不同女人陪伴。”她说。

一肩挑起夫家大小事

当时谈离婚，她没有积极争取三岁儿子的监护权。一来考虑公婆绝对不可能让她把唯一的孙子带走，二来她工作时间长又不稳定，每天能陪伴孩子的时间有限，双方最后达成协议，让小孩跟公婆住，她周末假日去探视。

比起离婚前，她跟公婆的感情更好，因为她每周固定去接小孩，跟公婆话家常，有时候还带他们一块出游。婆婆没有生女儿，向来把她当女儿看，夫家大小事都会拉着她谈，要她帮忙出主意。前夫事业心重，成天往外跑，无暇关照公婆，都由她这个前媳妇代劳，接送看病、拿药和买菜。她婆婆逢人就夸她的好，总要前夫赶快再把她娶回来。

摆脱婚姻的束缚和责任，她和前夫变成无话不谈的好朋友，或说更像亲人，却没有恋人的占有和黏腻，相处起来更自在。某天夜里，前夫在外面应酬，突然感到一阵晕眩、胸口闷痛，他赶紧叫同行友人送他去急诊，并在第一时间打电话给她。三更半夜，她一接到电话，二话不说赶到医院。急诊的长廊走道挤满病床和家属，她帮他办住院、填表格和推床到各检查室，经过一夜的折腾，医生最后判断胸痛是因心脏血管堵塞引起，需要紧急开刀。

他被送进手术室的前一刻，护士叫他填写手术同意书。在紧急联络人的字段，他填下她的名字，后面那格“和病人的关系”，他潦草地写下“朋友”。面对生死关头，她强压住悲伤的感觉，勉强挤出灿烂笑容，对前夫说："别担心，我会照顾一切的。加油！"

前夫出院后，人生态度有了极大转变。热爱工作的他，每天都会提早回家陪儿子玩，甚至愿意答应儿子每个月特别空出一个周末，策划一家三口出游的活动，让她有种"回到从前"的错觉，前夫又变成那个要和她永远在一起的人。

从鬼门关前捡回一命，前夫觉悟身体健康的重要，开始戒烟、戒酒，甚至加入健身俱乐部，积极运动健身。几个月后，他甩掉啤酒肚，整个人看起来年轻十岁。有一天，前夫带她和儿子出游回家，在车上她开玩笑地问前夫："怎么突然改走阳光型男路线？"他脸上浮现一抹神秘微笑，欲言又止地刻意压低音量说："我恋爱了。"原来他的改变是为了年纪小他十四岁的新女友，她脑袋一片空白，他后面说的话好像都自动消音了，一个字也听不进去。她用尽全身力气克制自己，别在前夫和儿子面前崩溃痛哭，硬压住差点就要在车上的狂吼："那我算什么！"

当晚，她在床上翻来覆去，脑海反复播放这几个月和前夫相处的画面，耳朵里一直萦绕他今天在车上讲的"我恋爱了！我恋爱了"。画面一格格播放：他蜷缩身子躺在急诊病床，接着被推去做检查、进手术室，最后转住院病房，她还专程请假几天去医院照顾他。然后，一家三口去游乐园、坐高空缆车、看海豚表演。她边想边哭，难道她和前夫就像手术同意书上写的，只是"朋友"而已？这几次的合家出游，到底算什么？

后来，她暗自哭泣的频率愈来愈高，夜夜失眠，没有胃口，吃不下任何东西。她害怕自己在宝贝儿子面前情绪失控，接连两个周末都故意接工作到外地出差。她讲完这一大段故事，哭着问："我早就接受离婚这件事，五年都过去了，也不期待复合。我不知道最近着了什么魔，老想着前夫，却也痛恨他。医生，我到底怎么了？"

她以为自己得了忧郁症，很焦急。经过会谈诊断，也请她填写忧郁症评量相关表格，结果发现她还不到忧郁症的程度。她会失控主要来自强烈的悲伤反应，因为她无法接受前夫结交年轻新女友。我说："首先恭喜你，你目前没有重度忧郁症，先别太担心，但是你现在很辛苦，也很痛苦。"

她追问她的诊断，我说目前是适应性障碍，接着委婉但直接地问她："你的心好像还离不开前夫，你真的放开这段感情了吗？对他只是孩子的爸爸、家人般的关系？虽已离婚，但内心真正停止爱他了吗？"

强烈的悲伤逼迫她正视自己和前夫的关系，认清自己根本还没走出那段婚姻，内心对前夫念念不忘，其实不自觉地在期待他回头，她慢慢述说过去与现在的种种感受，谈了好一会儿。之后又陆续谈了三次。"办完离婚手续，只能算完成离婚的形式。"我说，"面对离婚，重要的是从心离开。这次你准备好了吗？"

她拿起面纸，擦干眼泪，深吸一口气说："我准备好了。我已经离婚五年，和他的关系早在五年前就结束！"

如何从心离开？

离婚复原的过程，最难的是放开。不要再把时间、心力浪费在逝去的关系上，制造离婚的伴侣仍是夫妻的感觉和形象，这非但不能提供离婚复原的力量，还可能造就自尊低落。

明知道已经离婚，却忍不住想要联系、靠近对方，当这念头一出现，建议赶快做点别的事转移焦点，如外出散步、阅读书报、泡澡、看电视、玩拼图或数独、打电话找朋友聊天、唱歌或者和宠物玩等。等进行别的活动五分钟后，你再注视那个念头，会发现它没那么强烈，之后每隔五分钟检视一次，它的强度会慢慢递减，等你全心投入新活动，那念头就会消失无踪。在疗愈的过程里，别对心太粗暴，要求自己马上忘掉一个人。只要确认自己走在正确的道路，一次比一次进步就可以。

对于前配偶，要做朋友不是不可以，但你真的准备好面对他了吗？跟熟悉的人在一起比较容易，但依恋过去的关系和相处模式，却会延长放开的时间。如果你对他有期待，想念过去的美好时光，无法忍受他有亲密的另一半，代表你还无法放开。试着问自己：是什么让你放不下、走不掉？害怕孤单寂寞？还是恐惧没有人爱？

建立界限的过程或许会不舒服，却远比自欺欺人的虚假关系来得好。美国心理咨询师泰瑞·可儿在《如何建立健全的界限？》一文中指出，界限能保护你的自尊，有助于分辨哪些感觉是你自己的、哪些是对方的。当肢体、感情的界限不明，心情容易受对方一言一行的牵动，到头来受伤的还是自己。建立界限关系到个人的信念、行为、选择、责任感和性这件事。

◇你让对方越界了吗?

从身体界限来说，对方已经越界的警报包括：

- **不恰当的身体碰触**：只要你心中有一丝丝不愿意或不愉快，请立刻制止。

· **侵犯隐私**：翻看你的电子邮件、手机短信和联络人。

· **侵犯个人空间**：像讲话靠太近、不敲门就进房间。

从心理层面来说，对方已经越界的警报包括：

· 你不知道如何将自己从对方的情绪旋涡中抽离，你的心情深受对方影响。

· 为了对方，愿意更改自己的行程计划、目标、梦想。

· 一味抱怨对方，却不愿意承担起自己的责任。

单亲爸爸也应设立界限

在这故事里，女主角会这么放不下，其实单亲爸爸也有责任。既然孩子跟他住，他应适时调整工作，花时间与孩子相处，而不是把小孩丢给年老的父母照顾。在离婚协议书上，建议载明双方对孩子应负的责任，不只是钱的问题，也需讨论离婚后，两人与孩子相处的时间该如何分配。忙不是理由，请记住：爷爷奶奶、外公外婆或者其他人，永远取代不了爸爸妈妈。

◇面对前配偶及其亲人，如何设立界限？

· 清楚明确地告诉对方，我们能接受和不能接受的对待方式。

· 坦白表达对方的要求或行动对我们的影响。

· 说“不”就是拒绝，坚持到底。

· 倘若不尊重我们建立的界限，告知对方我们会做和不会做的事情。

◇如果有小孩，如何协助孩子调适?

由于孩子的缘故，许多人无法完全切断与前段婚姻的关系。

离婚后，孩子需要时间抚平悲伤，学习适应从原有双亲的家庭，过渡到单亲家庭或与其他长辈共住，甚至是有继父母的混合家庭。离婚不只让父母深陷痛苦，孩子也会感到困惑，也需要时间复原。想要帮助孩子抹去父母离异带来的伤痛，你可以：

· 让孩子了解，父母离婚不是他的错。告诉小孩，爸爸妈妈虽然无法一起生活下去，但这是大人间的事，与他无关。而且，没有任何事情可以改变父母对他的爱。

· 鼓励孩子表达愤怒、受伤和难过的感觉。

· 不在孩子面前谈论另一方的好处或坏处，也不要逼孩子表态、选边站。

· 不用金钱收买孩子的心，尽可能将感情与金钱分开。

· 不要拿孩子当借口，要求另一方做任何事。

· 小孩一定会对离婚父母复合有所期待，但请不要随口敷衍或承诺你们做不到的事。若被问到这类问题时，可以告诉小孩："现阶段爸爸妈妈还没办法像以前一样，但这是我们大人之间的事，你没有做错任何事。至于以后会怎么样，我们也不知道。"

以我在门诊的经验，会复合的夫妻多半是因为当初离婚没想清楚，可能是一时生气仓促做的决定。等到真正分开后，因为不舍孩子，常有联系，最后又复合。然而，复合不见得就能从此过着幸福快乐的日子。如果当初离婚的问题没有解决，很快地又会再分开，反而对孩子造成二度伤害。请诚实面对你们的婚姻和关系，想清楚后再做决定。

在婚姻里，渐行渐远怎么办？

“我不想再重复过去二十五年的生活，我不想再当你的妈，我们离婚吧！”她讲来没有一丝火药味，漠然地看着老公，两人相视无语。这对年约五十的夫妻，找我做咨询好几个月，原本是要为这段婚姻进行最后的急救，但谈到后来，金钱、婆媳和外遇种种问题，让太太看清先生是个永远长不大的男孩，下定决心离开这段婚姻。

前几次会谈，太太连珠炮似的说出对这段婚姻的不满，先生一脸无辜地说：“好好好，我会改。”连我也同情先生，觉得太太咄咄逼人，但愈到后来我才了解她的苦。她被迫要扛下所有生活大小事，因为他是个没有行动力的人，即便口头答应要做，但下次来谈，还是一点进度也没有。

他们一起从台大毕业，赴美深造，并育有一子。在美国生活二十多年，先生中年失业被裁员，加上父母年老，所以决定搬回来。儿子念美国学校，开销花费惊人，太太回到娘家开的旅行社帮忙承揽业务，先生虽头顶名校电机博士光环，但寻寻觅觅四五年，仍然在家待业。

和他同期出去的大学同学，早在台湾当上大学教授，或者在科技公司担任高级经理人，甚至拿到公司股票在家养老。问他怎么不继续往业界发展？他答："有哪个老板会用学历比他高的人？"他每天上网下棋，沉迷网络游戏，自认为在研究人工智能，但在太太眼里就是玩物丧志，不肯面对现实。

"我可以接受他不出去上班，由我赚钱养家，但他只想窝在家里当大老爷。不煮饭也就算了，竟然还跑回爸妈家吃饭，让二老帮他张罗吃的。我和朋友聚会，找他出来也不肯，成天关在屋子里。我希望他能够成长，与人有接触，不要跟社会脱节。"她说。

除了不愿意上班赚钱，他还爱跟小孩抢3C产品。看见任何新手机或苹果相关产品，他会跟太太吵着说："小孩有，我也要有。"他喜欢对小孩拿出做父亲的派头，看不顺眼就大声呵斥："你不可以给我吃饭，给我回房间反省！"

婆媳相处和外遇问题

当初，两人也算爱得轰轰烈烈，闹家庭革命结婚，男方父母都是大学教授，而女方家里开旅行社，男方家总认为儿子可以找个家世背景更好的女人结婚。以前，他们远在美国，婆媳还能维持表面和谐。刚搬回来，同住一个屋檐下，婆媳经常爆发口角，冷战好几天不说话，最后夫妻俩另觅他处租屋。

他的外遇对象，也是通过婆婆牵线认识的。外遇对象才刚离婚，和他从小一起长大，婆婆对她赞不绝口。他曾经搬去和外遇对象住在一起半年，最后仍然选择回到老婆身边。他不解："我已经离开她，回到你身边，你对我也有感情，为什么你还是要离开我？"

"你回到我们这个婚姻，不是什么爱不爱的，只是比较习惯和我在一起。我才刚过五十，我不要和你过我的后半生。"太太说。

刚开始，太太打定主意要离婚，也找社工问清楚监护权和财产分配事宜。但先生根本无法接受，跑来打断太太一对一的会谈，在医院长廊敲门大喊"你给我出来"。

后来，两人找上我一起做夫妻咨询，中间太太几度心软，给他机会去试着找工作，但他仍然原地踏步，既不出去找工作，也不分担家事。现阶段，他已经能够尊重，并了解太太想离婚的意愿。

现在，他们两人进行以离婚为前提的分居，希望好聚好散，把对孩子的伤害降到最低。我常对他们说："夫妻咨询并不是用来挽回婚姻，而是厘清两人对婚姻的想法和目标。婚姻就像二人合伙开公司，只要有一方觉得付出和报酬不成比例，想要退出，这间公司就会面临拆伙，婚姻可能不保。这无关对错，而是二人没有办法继续合作下去。"

在婚姻里渐行渐远，该怎么办？

在这段婚姻里，双方都有反省过去二十多年，两人各忙各的，而疏于经营和沟通。他们当初甜蜜的爱情，被现实生活的压力一点一滴消耗掉。先生其实是被太太宠坏的，他们没有在婚姻里让对方成长，成为更好的人。而太太则可看成是母性太强的女人，习惯一直当照顾者，到最后长期耗损、精疲力竭。她先生则可说是长不大的男孩、妈宝男、彼得·潘症候群，或是“浮萍男人”。

在亲密关系里，他们互相需要彼此。母性强大的女性想要去呵护别人，但是潜意识里却预期自己的奉献会遭到拒绝。她们常会和长不大的男孩一拍即合，因为她们已经准备好，甚至带着些许的渴望要去“拯救”对方。而长不大的男孩就像青春期无限延长的少年，需要的感情对象是能像母亲一样完全包容他、帮忙打理生活，甚至替他付账单的人。他们能够让对方强烈地感到被需要，发生问题时，需要别人解救他，就像在家里有人会帮他做好一切。

其实，这样的亲密关系并不健康，先生的外遇更加深了婚姻危机。先撇开外遇不谈，在婚姻咨询过程中，我通常会建议彼此，想想当初两人为什么会在一起。请回想：当年的他是什么样子？他真的变了吗？

其实，他现在让你受不了的点，往往是当初他吸引你的地方。像故事里的太太现在觉得先生“任性”“幼稚”“不切实际”，当年她可能会觉得他率性、天真、有梦想。如果对关系感到不快乐、压力沉重、感到窒息，觉得“这不是当初和我结婚的那个人”，以下问题可以帮助厘清：

◇重新回头检视伴侣当初吸引你的特质，到底是他变了，还是你变了？当初你爱上的是他这个人，还是你把对爱情的美好幻想投射在他身上？

◇你曾经忽略哪些关系中出现的警报？像外遇、他对这段关系的抱怨。

◇这段关系让你满意的地方，或者是他有什么特质是绝对不想要他改变的。

◇如果一切能重来，你会选择对方吗？

问题还可以继续列下去，包括关系何时出现问题、曾经做过哪些努力挽回等。试着想象自己是对方的话，重新回答这些问题。互换角色帮助你站在对方的立场，重新审视这段关系。

一行禅师阐释佛陀对爱的教导，说明爱就是实践慈、悲、喜、舍，说：“想要理解或真正爱一个人，便要把自己放到他的立场，与他成为一体。做到这样就不会有我或他。这就是舍。”

最后，还可以问自己：

◇目前这段关系对你有什么意义？

◇对方还吸引你吗？

◇什么原因让你留在这段关系里？

◇如果离开的话，会有什么后果？你会觉得松了一口气，还是悲伤懊悔？

◇你想和对方生活在一起吗？

男女分手大不同

相爱不足以维系婚姻，了解男女分手大不同，学会原谅与放下，用“爱”为关系画下完美句点。《男女大不同》系列图书作者约翰·葛瑞博士提醒，原谅对方不等于要与对方复合，原谅是为了我们自己，帮助释放伤痛、憎恨、自责和罪恶感。

如果抱着“我再也不爱你”的态度说再见，意味着我们关闭了爱，也关闭了心。真正的原谅是理解我们曾经爱过，但现在彼此不合适而已。真正的原谅能把心打开，对的人才能进得来。

他指出，在原谅这件事上，男女也大不同。当关系出现问题，男人需要了解他到底该负起什么责任。他愈有责任感，愈能够原谅。在下一段关系里，他才不会爱挑毛病或老是指责别人。

当关系出现问题，女人则会先假装没事。女人太快原谅对方，没有花足够时间疗愈，她内心深处会有罪恶感、自觉没有价值。女人要做到真正的原谅，需要了解自己该负的责任，但不必把责任全往身上揽，只有这样才能充满信心迎接下一段恋情。

如果女人上段恋情是用牺牲换来的，她会抗拒进入关系。欠缺责任感与害怕承诺的男人若抱怨责怪前女友或前妻，他通常很快地开始下一段恋情，帮助他赶快忘掉前段感情。不过，一旦感情进展到需要他妥协或牺牲的时候，他常会马上逃走，在关系里不断进进出出。

在关系结束时，你还是可以爱，通过原谅、感谢、祝福来付出爱。要记住，批评、指责、抱怨或挑剔别人，都不是在付出爱。唯有“爱”才能转化负面情绪，疗愈破碎的心，迎向美好的未来。

浮萍男人

最著名的例子是美国电影《赖家王老五》里的男主角，他英俊有趣、友善热情，但对世俗定义的成功不感兴趣。准确地说，他没有动机完成任何真实的事情。三十五岁的他，仍然和父母同住，母亲帮他打扫房间、煮饭。他的父母千方百计要把他赶出家里，希望他离家自立，承担一个有事业和家庭的人生。在中国台湾，有愈来愈多的成年男子，依附在原生家庭过日子。通过精神科与妇女身心门诊的实务经验，我发现这类从小被父母过度保护的“浮萍男人”，即使结婚成家，有时他们会让母性强的太太，继续接受原生家庭母亲的角色，而太太与母亲的角力也多是冲突不断，造成婆媳问题。

不要忽视婚姻里的性

“我和他在一起十年，我什么都给了他，念大学时我还为他堕过胎。他当兵时，每次回来都要我给他，但结婚不到两年，他就有外遇，嫌弃我在床上像死鱼一样。”三十岁的她回忆，短短不到半年时间，经历先生外遇、离婚，以及先生再婚。外遇和再婚对象是他的女上司，年纪大他一岁，被公司高层挖过来的业务主管，上任还不到三个月，两人就搞在一起，毫不遮掩，全公司的人都知道。老公一心想赶快离婚，离婚前三个月是她人生最煎熬的日子，什么难听的话他都说出口，就差没动粗而已。他坚持非离不可的理由之一，是跟她在一起，他得不到他要的性。

十年感情一场空，原来她败在性这件事。打扮、调情和放电，对其他女人可能再简单不过，对她就异常困难。离婚后，她发誓要成为和原来完全不同的女人，烫起大波浪卷发、穿细肩带连身小洋装，酥胸微露、换上高跟鞋、开始用香水和化妆，告别过去那个穿牛仔裤、T恤，扎马尾、素颜的自己，要让前夫知道他“错过”什么。

怎样拥有一段和谐的性关系

她过去只经历过一个男人，现在她只想和随便碰到的男人一夜情，不要有固定的男朋友。她开始网络交友，和办公室男同事打情骂俏，流连酒吧、夜店。她跟网友见面，直接约在汽车旅馆，酒喝下去，不管是谁都可以。她看男人的眼光也彻底翻转，斯文有礼的上班族、结实精壮的肌肉猛男和色眯眯的老头儿都一个样。“男人多接触几个，通通一样，”她轻蔑地说，“没一个好东西，他们要的不过就是性。”

为了对抗寂寞与被抛弃的感受，她泡在酒精中的时间愈来愈长，有时她也带男人回家过夜。在她内心深处，她要用性证明自己的吸引力，确信她是被看见的，而性也是她复仇的工具，她要每个男人替那个伤害她的男人付出代价。

要是她真能做到她讲的，把性和爱分开，她也不会觉得痛苦、焦虑到睡不着。离婚不到一年，她愈来愈气男人，酗酒和纵欲之后，她会因罪恶感厌恶自己，只好喝更多的酒麻痹感觉，用更激烈的性行为发泄对男人的愤怒。她一直想找个人说，但她不知道要找谁说，在困惑苦痛中，经人介绍到我的门诊。

我问她：“你跟前夫的性生活如何？”

她说：“他是我第一个男人。我们是大学班对，在一起没多久，他就一直要、一直要，我挣扎很久，最后勉强答应。婚前，他要我就给，我很配合他。婚后，他要得更多，叫我一起看A片，我也尽量迁就他。最后闹离婚时，他指责我不够配合、不够主动、不够热情。我们性生活不协调，难道他一点责任都没有？他搞外遇也是我的错？”

我回答：“如果性爱是一方拼命要求，另一方不情愿地给予，谁都不会感到愉悦。拿看A片来说，它让你不舒服，拒绝是正常的，有些男人甚至会拿影片的女主角与老婆做比较，在那种情况下，你会感觉自己被爱、被珍惜吗？而且，老公为什么因为跟你在一起而无法满足？为什么他要看别的女人裸体，才能燃起性欲？从性这件事来看，你们的感情早已在走下坡路。”

“离婚后的这几个月，我跟那些面孔模糊的男人做完后，内心空虚，非常讨厌这样的自己，”她叹口气接着说，“我最近遇到一个不错的男人，彼此都有好感，但我们发展太快，见两三次面就上床。我害怕他最后也不珍惜我，迟早会离开我，所以我把那男人推开。”

“医生，我已经无法想象我可以拥有一段快乐的感情，我不再相信世界上有真爱。”她说。

“请把离婚当成是一次危机与转机，去了解与发展自己对性的感觉。性可以是欢愉满足的，通过性与另一个人有更深层的沟通和分享，而不是拿来报复。”我建议她，先别再跟男人出去，停下来整理自己，因为她自己现在一团乱。随便的性只会让她更混乱，付出的代价有可能是艾滋病和其他性病。如果还深陷在被背叛的感觉里，她很难信任新的男人，发展出真正的亲密关系。

“医生，性真的有可能是美好的吗？”她问。

我不假思索地说："当然！美好的性不只是关系到要不要上床，还包括更多。就是因为真正存在，才这样告诉你。"

离婚后，如何谈性说爱？

性不只是生理反应，它常常也是亲密关系的缩影。美好的关系是互相顺从，彼此想要保护、取悦对方，通常也会有愉悦的性生活。故事的个案为了麻痹感觉，利用做爱发泄心中的愤怒，甚至把性当作报复的手段。仔细探究，她谈到前夫只关心性，自己尽最大努力配合他的性需求，这样还不够吗？她在床上处于被动、配合的一方，性爱像是义务而非喜悦，勉强自己做完它。

如果夫妻、伴侣之间，有一方压抑委屈，勉强配合，或说是讨好对方，就不会是一段健康平等的关系，很难长久走下去。

在妇女身心门诊，常见个案在离婚后用极端化的行为发泄愤怒。虽然她们自以为在报复对方，事实上是在"惩罚自己"。我劝告她们，在身心混乱时，不要做重大决定或迥异于平时的行为！回到自己，安住本心，你没有错。

其实，男女因为性生活不协调，或性观念或床笫不和求诊的不在少数！若是早日来做伴侣治疗，在专业者的引导协调下，双方开诚布公地谈出种种难言之隐，可能不至于走到这么难堪的地步。

想要有美好的关系，性爱绝对是重要的一环。最重要的是，对自己诚实。当伴侣要求，但你却不想，坦白地说："对不起，我今天不想做。"但是一定要好好沟通讨论，不是说头痛或用刺伤彼此的理由来搪塞。

一个尊重你的伴侣会说："亲爱的，我们一起来面对。"我指的是，双方愿意真心交谈、诚恳沟通，找出"性"趣缺失的原因，有可能是家庭教育、宗教信仰、疲倦、难为情、厨房里堆积在水槽的碗盘或任何其他事情。有必要的话，可以寻求专业的咨询协助。别再让不协调的性生活毁了亲密关系！

爱因性更美好，但性不是爱的全部！离婚初期，可能会少或没有性生活，因为离婚的负面情绪与阴影，需要时间走出。之后碰到真正心仪的对象，要从"心"先建立关系，如果用"身"（或性）先建立互动的，几乎很少有美好的结局。性本身是美好的事，一旦变成控制或报复的手段，都是不好的！美好协调的性关系可让双方身心愉快，女性也会愈来愈美，光彩焕发！

一个人的生活也要好好过

“医生，我到底要不要离婚？”她一脸茫然，整个人像被掏空一样。她的生活在外人眼中是如此完美，大学一毕业，马上嫁给在大医院刚升主治的年轻明星外科医师，结婚十年，有两个快乐的孩子和美好的家庭。她深信，丈夫是世上最好的男人。“我娶你就是为了要疼你，绝对有能力养得起你，要不要去上班随便你。”他说。他每个月家用给得大方，一定是六位数起，从不过问她钱怎么花。她想买的名牌包、鞋子和化妆品，只要开口，他没有不答应的。此外，他还每年固定安排全家出国旅游两次，承诺给她最好的生活。

但最近，她发现先生有外遇。

“我爱我的丈夫、我的生活，嗯，或许还有自认比其他人厉害。我一直觉得，他怎么可能还需要别的女人。不管他几点回家，随时有热腾腾的饭菜，我不只会做家事，也把自己维持得很好，看不出生过两个孩子，身材、脸蛋完全不输二十几岁的年轻女孩，”她说，“我把他的家人也照顾得很好，该做的礼数都做到了。带我出门应酬，绝对是帮他加分，从不会让他失面子。”她说。

“当我听到他跟科里的护士有婚外情，我简直气炸了。我是最后一个知道的，我特别跑去医院看那女的。她年纪虽然轻，但穿着、打扮和长相十分普通，我觉得被狠狠羞辱了，心里像破个大洞，只能无助地坐在家里，从白天哭到黑夜。”她选择跟先生摊牌，原来以为先生会痛哭流涕地跟她忏悔，没想到他淡淡地说：“你知道也好，我已经离不开她，也不想离婚。家用开销我不会少给，我们继续维持这个家，这样对大家都好。”

先生指望安然度过外遇风暴，希望她继续扮演好太太、好妈妈的角色。他们在人前是恩爱夫妻，但关起房门就很冷淡，他甚至不避讳地晚归，在外留宿。她不敢跟身边的人谈老公有外遇的事，但她一想到自己没有工作经验，房子是先生家买的，家计是先生扛，她拿什么跟先生争孩子的监护权。想离婚的话，她势必要和孩子分开。

不过，她又想自己才三十岁出头，后半辈子就要这样过下去吗？待在有名无实的婚姻里，跟一个不爱自己的人绑在一起，模范夫妻是要演给谁看啊？这些纠结的念头缠绕着她，郁闷纠结的情绪日积月累，她经常一个人躲起来偷偷哭泣，身形也日渐消瘦。半年后，她吃不下也睡不着，体重骤降十几公斤，瘦得跟竹竿一样。

然而，她的憔悴病容并没有唤回先生的心，他眼神没有因此停留在她身上，也没多关心她几句。这件事彻底让她认清：“不爱就是不爱了。没有人是可以永远依靠的，未来只能靠自己。”

重建人生目标

她来看我时，对于婚姻和未来一片茫然，但她知道自己需要帮助，不能把健康也赔进这段婚姻里。当时她被诊断为重度忧郁症，“这时候请不要急着做重大决定，等病情好转，再来想要不要离婚。”我建议她，“此刻的你，最需要的是专心吃饭、按时吃药和好好睡觉。其他的，先暂停一下！”

治疗一两个月，她病情有起色，三四个月后，渐趋稳定，半年后，她逐渐恢复正常。随着身体好转，她愈来愈清楚自己要结束这段婚姻。她先生起初不愿意离婚，但也没意思要切断外遇，分明就是要拖住她，只为了顾全自己的面子。她跟先生苦苦哀求：“我可以不跟你拿赡养费，孩子归你也没问题，只求你放我走。”

离婚又拖了她一年多，中间有许多杂七杂八的细节，后来她两手空空，丈夫只愿意给她一间小套房与孩子的探视权。早已心如死灰的她，离婚了。她在离婚过程中多处弱势，连朋友们都替她抱不平、感到不值。

一个没有婚姻的女人，除了自力更生，别无选择，因此她开了家二手精品店，把过去买的名牌包和鞋子拿出来卖，也兼做网店生意。

她过去爱买精品配件，对时尚有敏锐度，很快地就把店经营得有声有色。后来客源稳定，她干脆直接出国带新货，获利更高。短短几年内，网站流量呈倍数增加，接连新开好几家实体店铺。过去，她从来不曾为钱烦恼，认为赚钱是先生的事，但她现在可以骄傲地说：“钱都是我自己赚来的！我不必再当伸手牌，也不像过去那样要别人同意，才可以买东西。”

她最放不下的，就是一对念小学的儿女。回到家后，迎接她的不再是儿女的嬉闹声，而是漆黑安静的屋子。以前她的生活被家务和孩子填满，现在她恢复单身，多出许多自己的时间，她决定重返校园，先从语言及商业学分进修课程念起，后来念出兴趣，便积极准备报考研究所。

她大学念的是服装设计，现在有了开店的实务经验，深感自己商业经营知识的不足，投考商科的研究所。更重要的是，她想重拾年轻时的梦想，希望以后可以自创品牌。起初，她担心年纪太大，无法通过研究所的入学考，也担心自己会是班上唯一的三十五岁以上的研究生，脑力和体力会跟不上比自己小一轮的同学。没想到，她一关闯过一关，花两年时间，拿到研究所学位。如果她隔天要上台做报告或者有大考，她常会跑来我的门诊加号说：“医生，我压力好大，晚上会担心到睡不着，可不可以开点让我好睡或放轻松的药给我？”

她过去一直当医生娘，或更贴切地说，是某某某的太太。离婚后，大多数的朋友，不是不再与她联系，就是只和她前夫联络。离婚后这几年，她第一次感觉为自己活，忙得很快乐，发现自己有很多喜欢的事，像创业开店和念书，不再只是配合别人，让她觉得自己更独立、更完整。

走过忧郁症和失婚，她现在乐于单身。“我现在享受一个人的生活，对婚姻没像年轻时那么渴望，也不想再费尽心思，证明自己有人爱。渴求别人的爱，就像要求别人把水倒进自己的杯子，要靠别人才能够快乐。我现在想要好好爱自己，快乐是自己给的。”她说。

离婚对她来说，就像是个包装很烂的礼物，帮她通往更真实的自己。“这过程里，我还是会想着以前如何如何，感觉混乱、迷失和不确定。但我慢慢地学习活在当下，走出被抛弃的痛苦，”她说，“每当我痛苦软弱的时候，就会告诉自己：不管如何，我还有我自己。我的完美生活被戳破后，我才开始摆脱依赖别人的生活，学习自立自强。面对真相，不见得会快乐，但一定会得到自由。”

面对离婚，如何找到积极的复原力量？

故事的当事人直接从原生家庭进入婚后的家，完全没有经历过一个人的生活，因此离婚后的调适阶段可以让她全心投入探索自我，学习做个完整的人。对她来说，学习独立成长，过程虽然痛苦，却是有正面意义的。离婚的伤痛常会让人一遍又一遍地回想过去的点点滴滴，检讨自己是哪里做得不好。

但是沉浸在无可挽回的过去，并不会改变离婚的事实。唯有积极规划未来、采取行动，才能重获新生。你可以：

- **放下受害者的心态：**重新也从心检测自己，还有什么有价值的与无形的资产，婚前的“自己”是谁？以前对人生有什么目标？少了婚姻家庭，不代表自己就是瑕疵品、人生再也不完整。

- **成为孩子的典范：**自己要先过得好，孩子需要的是坚韧勇敢的母亲形象。坚持探视孩子的权利，并提高亲子相处的质量，让小孩知道即使大人婚姻破裂，妈妈还是永远不放弃对他们的爱。无须向孩子吐苦水或对前夫家恶言，别让小孩夹在中间为难，而是让他们知道，母亲永远爱他们，守护他们的成长。建立新生活、重生，不但为了孩子，更是为了自己，好好爱自己，所以要勇敢地在痛苦中重新成长。

相爱容易，相处太难

她和他一直生活在不同的城市。

从谈恋爱开始，一个在台北，一个在高雄，远距离恋爱长跑八年结婚，婚后两人离得更远，隔了一座太平洋，因为她赴美攻读博士。五年后，他们开始一起生活，不到三年分居，拖了两年，以离婚收场。她问我，只靠打电话、写信、上网视频维系的情感是真实的吗？为何好不容易在一起，却渐行渐远，婚姻逐渐变成一个空壳？

他们在高中认识的，谈恋爱并没耽误两人课业。大学联考发榜，他们各自考上热门科系，她在北部念电机工程，而他在南部念医科。接着，她直升攻读校内硕士，他则在南部医学中心当住院医师。他们俩的科系要求严格，课业压力大，生活忙碌，无法花太多时间黏着对方。远距离恋爱可以让他们各忙各的，等放假再安排时间见面。

在师长眼中，她是块做研究的料，不继续念太可惜，短则三年、长则五年，一定能完成博士学位。老师积极鼓吹她赴美深造，帮她写推荐信，最后有好几家学校要收她，有的甚至提供全额奖学金。面对难得的机会，她非常心动，但这段聚少离多的恋情要如何走下去？为了让彼此安心，两人决定先结婚，她再出国。

“我们的恋爱前后谈了七八年。我相信，婚后我们可以各自成长。他要再熬几年，才能当主治医师，而我用这段时间念博士。如果他想来美国深造，我也赞成，不然等我回国，三十岁再来生孩子也不晚。”她说。

她只身一人漂洋过海，花四年时间念完博士，随即回来，很快在新竹科学园区找到高薪的工作。而她先生按部就班完成住院以及主治医师的训练，在台南老家附近开诊所，过起小镇医师的生活。她与先生同住在台南，每天坐高铁通勤去竹科上班。

爱我，就该支持我

结束多年的远距离夫妻，两人终于同住在一个屋檐下，但感情并没有加温，反而出现裂痕。共同生活让他们发现，两人可能是错配，因为对于事业、家庭和金钱的看法有极大的差异，难以配合。

她在竞争压力大的科技业，工作紧凑。忙的时候经常要出国，加班到半夜、赶项目是家常便饭。如果周末假日可以不要工作，她宁可窝在家睡到自然醒，放空发呆，哪儿也不想去。而他出身大家族，开业医师生活规律、稳定，公婆希望她赶快生小孩，邻里亲友的婚丧喜庆要出席，礼数才周到。亲友们喜欢挖苦她先生：“哪有太太比先生还忙的！你太太一定很会赚钱！”

她工作能力强，一路升职，加上公司配的股票、分红，年收入确实比先生丰厚一些。对于生小孩，她也不排斥，但为什么不能再多等一两年？她现在事业刚起步，熬过去以后就不必这么辛苦，到时候做人工受孕、试管婴儿的钱，不过是小钱。更何况，她每天被工作逼得连睡觉时间都没有，哪来的心情怀孕？她觉得先生不够体贴，也不够独立，难道一定要她陪着出门应酬或游玩？

先生埋怨她，为什么不换个轻松点的工作，多些时间待在家里？她则认为：我一路奋斗到现在，不是说放就放得掉，只要再给我一点时间，以后我们可以过更好的生活。可是，他们的冲突愈演愈烈，两个人眼前的生活都过不下去，哪来的以后？

愈来愈多问题出现，两人即使住在一起，仍靠电子邮件沟通，她在家里待不下去，索性搬到新竹租房子住，双方没再沟通或挽回，感情自然而然地淡掉，最后签字离婚。

她来看我时，跟先生一起住台南，工作不起劲儿、厌倦上班，婚姻出现危机。那时她三十三岁，本来怀疑自己得忧郁症，经过检查发现是经前症候群，服用维生素B_6、钙片和选择性血清素回收抑制剂。几个月后，她的症状虽获得改善，仍断断续续来门诊，不是为了拿药，而是她在生活里找不到人谈婚姻的问题。

刚开始，她对婚姻和工作的冲突，感到挫折和愤怒。报章杂志报道里，成功的女人既坚强又温柔，同时拥有成功的事业和美满的婚姻，这让她觉得自己是个失败者，甚至偏激地想，那根本是骗人的！她感到不平的是，她公司那些男同事，不像她面临“要工作还是要婚姻”的两难选择，“他们有家庭的支持，而我的家庭却一直扯我后腿。”她说。

她先生埋怨，别的医师娘帮忙经营人脉，拓展诊所业务，而她为他做了什么？又为这个家努力过什么？双方都觉得自己委屈，指责对方为什么不做些改变，修补破损的关系。

后来，家中冷战的气氛让她受不了，寒意扩散到家中每个角落，她从工作获得的满足，远超过婚姻带给她的，“怪不得我妈说，工作比男人可靠。幸好我有工作能力，不必待在家里看他脸色”，她在分居前谈及，她妈妈当一辈子家庭主妇，希望她别被家庭绊住。“既然有能力，为什么不去试？”她妈妈常对她说，“我找好几个算命先生算过，你是男人命、女儿身。姻缘本来就淡，天生是要掌权的，而且会赚大钱。这是你的命，接受吧。”

分居前，她曾经认真考虑，要不要生个小孩来挽救婚姻。我说：“千万要考虑清楚。因为这样对小孩太不公平，小孩不是工具，不能作为婚姻的黏着剂。或许，你们会因为怀孕、有新生命到来，暂时对问题装作看不见，度过短暂的甜蜜期。但你们连两个大人的事都处理不好，等小孩出生，教养只会带来更多问题。”

她原本对婚姻怀有憧憬和梦想，最后却走到离婚，她认为自己过去太天真，没有花时间思考两人到底合不合适，以为爱可以克服一切困难。我说：“相爱是两个人互看，但婚姻是要两个人一起往前看，对于未来生活的想象是要一致的。光拿工作来说，事业进取心不同，人生伴侣的类型也不同。如果你想冲事业，可能需要一个会花心思在家里的男人，女主外、男主内。除了工作，人生梦想、金钱观、要不要生小孩，还有对父母责任的认知等，都要考虑进去。”

她怯生生地说：“医生，我年纪不小了，三十五岁，离过婚，念到博士，我妈说：‘谁敢娶你啊？’劝我专心拼事业赚钱就好。你觉得我有可能遇到这样一个人，甚至再婚？”

我说：“年龄、学历、离婚都不会是问题。你人生规划愈清楚，愈容易找到适合你的人。雅虎奇摩总经理邹开莲因为前夫外遇，也在你这年纪离婚，几年后她再婚，四十几岁生小孩。她再婚对象跟她很像，有相同的宗教信仰、类似的成长背景、性格相近、工作能力也强，是个投顾董事长。重点是，你的人生蓝图是什么？你希望有什么样的人生伴侣？”

她吐了口气，幽幽地说：“我初恋就结婚，交往时两人忙着学业、工作，聚少离多，从没想过未来要过什么生活、工作形态，更别说沟通人生价值观。恋爱谈那么久，却从来没有好好认识过自己和对方，糊里糊涂就结婚。”

我凝视她双眼，坚定地说：“现在开始认识自己，一点也不晚啊！”

远距离恋情是真实的感情？

拜科技之赐，现代男女恋爱有愈来愈多的沟通工具，靠写e-mail和上网视频，克服距离的阻碍。但是，一年见不到几次面，依赖打电话和网络维系的远距离恋情是真实的情感吗？当远距离恋人变成共同生活的伴侣，需要做哪些调整？

和面对面约会相比，远距离恋爱欠缺真实相处的感受，因为恋人们通过电子书信往来、视频对话，聊彼此心情、想法和感受，偏向心灵层面。孔老夫子说“听其言、观其行”，如果没有实际相处约会，哪能全方位观察一个人？像衣着打扮、个人清洁维护，到待人接物，都不是可以通过文字认识的。别以为那些是小事，他做的比他说的，更能真实地反映他是一个怎么样的人。

以故事里的远距离夫妻为例，他们或许是彼此最佳的心灵支柱，却不是最好的生活伴侣，主要是因为两人生活步调无法配合。他们一心期待对方改变，一直跟对方要，但很少反省自己能给对方什么。

这位医生老公若对家庭生活有所期待，也要付出时间经营，帮忙化解周遭亲友给太太的压力，太太才会比较乐意参与夫家的活动。而事业企图心强的太太则要考虑，既然选择共同生活的婚姻形态，势必要调整工作量，提升夫妻相处的时间和质量。

总之，人一天只有二十四小时，很多事就是要做取舍，不可能样样全拿。

如何在下段恋情中找一位最合适的人？

喜欢一个人，感觉对了就可以，但要找一个结婚对象，更贴切地说是找生活伴侣，不是只有喜欢就可以，合不合适很重要。交往约会不能被爱冲昏头，应理智评估两人未来生活的可能性。

要找到合适的人，哪些事情应该列入观察重点？除了对未来的人生规划清楚，女博士也要明白不可能有完美伴侣，因为有些人格特质、条件会互相矛盾。你不可能要他事业做很大、进取心强、喜欢竞争、冲锋陷阵，同时又要他温柔体贴、懂生活情趣、花心思在家里。这位医师老公要的，是可以跟他一起打拼事业的太太，那么他在婚前该想清楚科技业背景的博士太太，能否胜任当他的医师娘，帮忙冲高诊所业绩？

请先了解自己要什么，有哪些特质、条件是你特别看重的，诚实面对内心的渴望。还有，千万别再妄想改造男人。

无法成功受孕的女人

“这样下去是不行的！我想离婚！”她突然蹦出这一句话，随即掩面痛哭。陪来看诊的先生满脸错愕，缓步地走到她身后。她哭倒在他的怀中，他轻拍她的背，语带颤抖地重复说：“老婆，没事。”任何人都可以看出他们两人有多相爱，但无法怀孕以及心情沮丧这两件事，已经成为他们结婚七年来最大的危机。

他们过去两年在妇产科积极接受不孕症的治疗，太太今年刚好满三十五岁，正是“再不怀孕，就要当高龄产妇”的年纪。前几个月，妇产科医生转介她来看诊，因为她睡不好、心情低落到不想出门上班，我评估过后，诊断她目前只能算有忧郁情绪与倾向，还不到重度忧郁症。我开些药物改善她的睡眠和情绪，几次门诊下来，先生都陪着她来，而她的情况也逐渐好转。

两个月后，她独自前来门诊，我小心地问：“睡得好吗？身体还好吗？一切还好吗？”她说：“我离婚了。”我惊讶地问：“你怎么那么快做决定？上次不是说好要等专长婚姻家族治疗的社工师安排会谈时间，找先生及公婆一起来谈？”

“我公婆说，这是我们家的事。生不出来就是生不出来，在外人面前谈也没用。”她悲伤地说，“我公婆的眼神和小姑们的窃窃私语，让我觉得自己是件瑕疵品。他们使我觉得自己不如人。几年下来，我不愿意我先生夹在中间难做人，最后对他说：我尽力了，其实我也没那么爱你，放我走吧。我从来没有想过，我和他会走到这一步。”

她抬起头，直视我的眼睛说：“医生，生不出孩子的女人，是不可能拥有幸福婚姻的。”她隐忍多年的委屈和心酸，一时都涌上来，缓缓道出她的故事。

被怀孕打败

她人生一路走来平顺，任何事都是按部就班、有计划的。她大学交男朋友，清楚地知道自己要找的是结婚对象，而不是梦幻的恋爱对象。换句话说，也就是跟她一样寻求安稳、可以让她安心的老实男人。经过几段失败的恋情，她遇到现在的老公，两人一起补习考上研究所和公职，顺利分到公家单位。等他当完兵，两人便结婚。结婚那年，她二十八岁。

婚前她就常去夫家走动，婚后与公婆同住，和小叔、小姑们的相处也算融洽。尽管先生是长子，也是家族的长孙，她计划先过两年的二人世界，再生小孩。“没关系，生男、生女都可以，不要有压力。”当时公婆是这么说的。

她身体向来健康。快三十岁，她被检查出有严重子宫内膜异位，需要做内视镜手术治疗。手术虽然成功，但她的复原状况不如预期。之后一年多，经血量变大，子宫内膜异位反复发作，三天两头跑妇产科。后来，医生发现卵巢出现囊肿，而且持续变大，需要切除部分卵巢。那年，她三十岁，已经不再避孕，准备积极备孕，但迟迟没有好消息。

反而是新婚不久的小姑，很快地生了个胖娃娃。婆婆接她回家坐月子，经常半开玩笑地说：“你们什么时候要生？我先帮忙带外孙，一两年后，再来带我的内孙。”此后两年，小外孙从坐到爬、牙牙学语到摇摇晃晃地走路，变成全家的开心果。全家老小和乐融融的场景，她只觉得格格不入，有想哭的冲动。公婆表面上没对她说什么，但背着她经常追问先生：“还有没有在避孕？不是说三十岁要生，怎么都还没有？”婆婆按月帮她抓中药炖补，跟着进香团四处拜，求神问卜看家里何时会添丁。

有一天，她望着自己的验孕棒，突然放声大哭，先生急忙跑到厕所安抚她：“没关系，我们下次再试试。”她接近崩溃地说：“我前几个月偷偷跑去大医院做检查，医生说我切除卵巢部分输卵管粘连，激素数值偏低，即使打排卵针、做试管，成功的机会恐怕也不高。”先生劝她别往坏处想，现在科技这么发达，四十几岁都能老蚌生珠，“我们才三十出头，一定可以的。”他说。

接着，先生和她一起去医院做不孕的检验，精子没有问题，他们开始尝试各种耗费心力且价格昂贵的疗程。可惜的是，试过几次胚胎植入，他们还是没有听到恭喜胚胎着床的祝福声。先生自始至终都站在她这边。面对家中长辈、亲友的探询和关心，他总是很有耐心、千篇一律地回答："养小孩很花钱，我们要先存钱买房子、存教育基金。"

眼看就要逼近三十五岁，面对一次次的落空，让她生理和心理承受极大的压力。有一天，婆婆碎碎念着谁谁家生几个，不耐烦的先生回嘴："我们暂时不打算再试，没有小孩也没关系。"婆婆气急败坏地说："这是她的意思，还是你的意思？别人早早就抱孙做阿嬷，我要再等多久？人家生子就像下蛋一样，她花那么多钱，竟然连个影都没有。"

母子两人大吵起来，她坐在房间里，听得清清楚楚，明白不管她做再多，在公婆眼里，没有生个一儿半女，她永远都是个不及格的媳妇。为了给公婆一丁点希望，她和先生还是继续做不孕症治疗，因为他们已经迷惘到无法告诉自己该停止。过去这些日子，她看见孕妇大肚子走在路上，或同事分送油饭、满月礼盒，都让她有种无法实现梦想的挫败感，当不成妈妈，孩子的毕业典礼、婚礼之类的人生目标都没了。

"医生，我很高兴能把这些年的委屈讲出来。为了生小孩，我已经精疲力竭。离开对大家都好，我先生不必为了我成天跟家人抗争、吵闹，也不需要浪费钱在我的肚皮上。我想要平静地生活。"她说。

离婚后，她积极请调外县市，刻意切断所有和前夫的联络渠道，因为她知道他一定会放不下。她采取冷淡响应和远距离阻隔，让他彻底死心。她前夫后来接受家里安排的相亲，找个年轻女孩结婚，并一举得男。

这几年来，她一个人住。快四十岁的她遇到一位单亲爸爸，两人对彼此都有好感。“如果给男人打分数，从一到十，我前夫可以拿九分，而这个单亲爸爸则是七分。”她最近在门诊坦承这段刚萌芽的恋情。单亲爸爸顾虑七岁儿子的感受，不打算再生。她松口气地说：“我不排斥当继母。摆脱生孩子的压力，我相信这会是个好的开始。”

生不出孩子怎么办？

台湾每五六对夫妻就有一对没有孩子，粗估约有400万人是“无子西瓜”。其中，最为人熟知的是“监察院”院长王建煊夫妇，他们在2011年成立“无子西瓜基金会”，希望服务无子女的族群，免除他们的忧虑与痛苦。

基金会成立缘起的网页写着：“他们非常喜欢小孩，婚后也期盼有属于自己的孩子，但非常遗憾的，到今天膝下仍空。他们始终坚信，没有孩子也是上帝的美意和安排，反而有更多的时间和精力去做有意义的事。”

王建煊直言，一般人认为没孩子是断子绝孙，很丢脸啊，但不要这样想。妻子苏法昭也说：“有小孩，很好；没小孩，也是很好。”

可惜的是，能够像他们保持健康心态、面对无子事实的人并不多。面对这议题，太太往往是最直接承受生儿育女压力的人，因为她们无法满足“传统”社会或家族传宗接代的想望，自己也会把“女性身份”和“生小孩”画上等号，认为无法成为母亲让她有缺憾，并接受他人的批判。

个案当事人经过一连串不孕症治疗，求子不得，最后选择离婚，因为她爱先生、不忍夫家因她失和。但婚姻本来就有很多压力，像工作、财务和原生家庭的纠葛等，生不出孩子也是其中一种。夫妻必须决定这段关系对他们的重要性，如果想要继续下去，双方需一起解决没有孩子的问题。然而，受过良好教育与有自我想法的女性，却不见得能全盘接受传统的婚姻形态与传宗接代的古板观念。

这时，或许她先生可以做的，是思索如何说服上一代接受这个事实，而非发脾气大吵，加深婆媳关系的裂痕。如果长辈真的无法接受，在不得不的状态下，暂时搬出原生家庭，用时间、空间来平静冲突，因为这议题绝不会完全消失，它会一次又一次出现，引发婆媳冲突。另外，这也可以给太太一个更有安全感的环境，用行动证明你和她是站在同一阵线的。接着，再一步步修复大家的伤痕，老人家最后可能无奈接受事实，你用耐心与关心持续付出，让他们知道你们夫妻感情好又孝顺，并在现行法律下，想想还有无其他解决方式，如领养。

而她自己则需要面对内在冲突，生不出孩子、离婚不代表失败。它可能是遗憾，但人生的憾事又岂止这些。家族治疗大师萨提尔曾说：“问题并不是问题，如何应对它才是问题。”故事里的女主角其实永远都有选择的，她可以选择用不孕离婚来批判、否定自己，也可以选择将这些视为恩典，让她有机会认清自己要什么、不要什么，就是因为离开不适合自己的男人和婆家，后来才能够遇到单亲爸爸的现任男友，若进行顺利，甚至有可能尝试母职。

人生不如意事，十之八九。不喜欢的事情发生时，当下不见得能理解、参透，也未必能一下子全盘接受，但就让它发生吧！试着不抗拒它，臣服每个当下，相信每个安排都会是最好的安排，等过一段时间再回头看，当时的问题或许不再是问题，反而发现生命自有它的历程，上天自有它的美意。

面对下段恋情，她需要做哪些准备？

脱离悲情的受害者角色，相信自身的存在就是一种美好。交往期间若被问到“为什么离婚”，如果不够信任，或对对方仍有迟疑的感受，不用急着说，有技巧地轻轻带过，是无过失离婚，双方平静签字的；若是交往到够信任，并打算继续走下去，可以一点一滴诚实道出过往；等交往够深入、够放心，想说再说。

一个真正爱你、尊重你的男人，懂得等待，也绝对会把你这个人摆在生小孩前面，因为你们两人的关系才是婚姻的主体，而不是小孩。

如何正确看待处女情结

“医生，我现在讲的可以不要记录在病历上吗？”她刻意降低音量说，“我不想留下这些隐私的记录。”

我点点头，手指离开计算机键盘，告诉她请放心，只会简单注明个人基本的医疗数据，事件本身是不会写入的。我快速地回想过去这一年多来跟她的互动。印象中，她不太谈论自己，极少主动表达情绪和想法。她回答问题时，习惯先停顿一下，发出“嗯……”，然后答复“是”或“不是”，有时候连话也不说，只会点头、摇头。

她深吸一口气，说：“我和先生离婚两年多，始终不敢让人知道，连孩子也瞒。我们还住在一起，但已经分房睡。我们之前大吵，忘了那次吵什么，我嘴快地说出，婚前我和别的男人同居过。他知道后整个人暴怒，把家里砸个稀巴烂，就差没动手打我。结婚快二十年，孩子都生了三个，但我老公十分介意他不是我第一个男人，坚持一定要离婚。”

我暗自揣测，她头痛的老毛病，可能和这秘密多少有关。她有慢性头痛的问题，过去十多年靠止痛药过日子，吃到胃溃疡、胃出血，才被转来看我。她四十多岁，不太打扮，朴素白净，看上去像三十岁，每次看诊都一个人来。全职家庭主妇，夫家做银楼生意，家境富裕，三个孩子念初中和高中。这一年多来，我开给她的新型抗忧郁药，效果不错，她平常已经不太犯头痛，只剩下经前轻微不舒服。多数个案当事人会要求拿慢性病连续处方笺，每两三个月来门诊就好，但她总笑笑地说：“医生要帮我预约下次门诊哦，我习惯每个月都要来看一下你。”

我看进她眼里，轻声地问：“想谈一谈吗？”

她点点头，眼泪从她眼角细细流下，谈起二十多年前的初恋情事。

饱受处女情结之苦

当时，她正值双十年华，商专刚毕业，很快地在贸易公司找到会计工作。她在公司附近租屋，跟公司男同事陷入热恋，不到三个月，两人就同住在她的小套房，天天同进同出。她根本不敢让家里知道，她交了男朋友，甚至住在一起。但是，这件事不小心被家人发现，爸爸暴跳如雷，叫她立刻辞职回家，痛骂她随便、不知检点，“没结婚就被人家睡，这样丢脸的事传出去，以后如何嫁人？”

她被家人带回去，关在家里，不准她再跟那男的联络。家里觉得她从小就是乖乖女，一定是被那男的带坏，一时糊涂听信花言巧语，才会被占便宜。为了怕她大着肚子出嫁，家里积极帮她安排相亲，带她去做处女膜重建手术。几个月后，银楼店小开对她有好感，约会几次，双方家长就把他们撮合在一起。

等婚事定下来，邻居亲友羡慕她嫁进好人家，这辈子不愁吃穿。而且，两人年纪相当、外形登对，家境背景又匹配。他大她三岁，是独子，大学毕业后帮忙家里打点银楼生意。为人随和，没有少爷脾气，忠厚老实，是个好好先生。她爸妈十分满意这门亲事，直说她上辈子烧香，有福气嫁给他。家里交代她："千万别提起婚前的荒唐事，不然会被看不起。"

婚后，她专心在家带孩子，过着安稳平顺的生活。但是，几年后先生投资失利，加上银楼生意走下坡，大笔债务让他变得暴躁易怒，看谁都不顺眼，夫妻吵架成了家常便饭。在一次激烈争吵中，她气到口不择言，冒出一句："我嫁给你之前深爱过别人，跟他同居，还堕过胎。"

这句话撕裂了二十年的夫妻情感，婚姻生活也变了调。先生常拿这事讽刺太太说："你竟然骗我这么多年，早就被人睡过，还跟我装处女！"先生也不太碰她，性生活大幅减少，要不然就专挑她不想做的时候，强迫她做，拿性这件事惩罚她。她自觉对先生有亏欠，一再隐忍他的坏脾气和刻薄言语，拼命道歉："对不起！对不起！以前年轻不懂事，都是过去的事了。"

现在回想起她那段青涩恋情，那男人样貌早已模糊，也说不出当初为何会爱到失心疯，还跟他同居、为他堕胎。她一直自责不是以处女之身结婚，且把这件事压到心底，习惯不去想它，好像那件事不存在一样。这件事被掀开后，先生无法接受他不是她第一个男人，要求跟她办离婚，但又不愿让大家知道。

她哭着说："我一遍又一遍地想，自己哪里做得不够好。夫妻都做了二十年，难道就因为我不是处女而离婚？过去二十年，我苦心经营的家庭就要瓦解了吗？我不甘心啊！"

我说："你先生会这样介意他不是你的初恋，可能是他无力解决相处的问题，当意见不合时，他只会发脾气，推往'他不是你第一个男人'的原因上去。'谁没有过去，重要的是现在和未来'这道理他应该明白，只是他情感上还无法接受。"

我接着说："婚姻有很大一部分靠生活的习惯维持，每天上班的上班，上学的上学。你们除了是经济共同体，也是伙伴关系，一起做夫妻，当孩子的爸妈，还夹杂许多共同亲友。你先生正值人生低潮，他可以选择继续纠结在过去，或者和你携手解决生活难题。光发脾气是没有用的，婚姻里有太多东西比处女膜更重要。"

"同样，对于这婚姻，你也是可以选择的。"我语重心长地说，"不管是不是处女，你还是你啊！自我价值不是建立在那层处女膜上。你要停止批判自己，不要让过去支配你的未来。可以挽救的婚姻是要两个人一起完成，不是单靠一方委曲求全就能成功。死不放手只会把过去累积的爱消磨殆尽。你们已经跟从前不一样，回不去从前的美好。想要延续破碎过的关系，请重新认识彼此，用新的方式重新开始。"

一年后，她先生和她秘密再婚。

处女情结vs爱我就该给我

在这性观念开放的年代，婚前性行为比以前普遍，许多人认为：“现在都什么年代，谁还会有处女情结！”不过，就像故事女主角的状况，仍有老公在意“自己不是老婆的第一个男人”。如果经过持续的沟通仍无效，先生坚持非处女不可，无法放弃这种老古板观念，或许要考虑放手。

在法律上，这也有判例支持。2010年，有妻子向法院诉请离婚，因为先生常以“第一次不是给他”为由辱骂她，法官认为先生执着过时的处女情结，难以维持婚姻，判准离婚。

不过，婚前要不要有性行为，应该由你决定，而不是别人怎么做，我也要照做。如果你坚持婚前不要性行为，对方如果真心爱你，就会尊重你。重点是，你觉得时机合适，才最重要，而且要做好相关的防护措施。

虽说谁都有过去，但对过往情史、性爱经验，多半建议对伴侣说得愈少愈好。如果深入细节，恐怕会提升对方不安全感，衍生更多问题。伴侣相处应着重在讨论两人的未来上，而非挖掘彼此的过去。

如何面对内在空虚？

她，四十八岁，从头到脚全是香奈儿，戴着一对双C耳环，拿着当季最新的名牌包，踩着高跟鞋噔噔地优雅走进诊间。当她说要搬进养生村，着实让我吓一跳。尽管养生住宅没有最低的年龄限制，但鲜有四十多岁的人入住。

她经历过离婚、丧偶，凭借可观的遗产，成为顶级养生村最年轻的VIP房客。入住保证金上千万元新台币，月缴十万元住宿费，不在她的考虑范围。她看中的是，园区能够帮她填满时间，提供才艺、健身课程，天天有专车接送到东区百货公司购物，固定每个月都有国内旅游和每三个月一次国外旅游。

她从来没有外出工作过。她大学毕业就出国念硕士，与大她五岁的先生在异国相识、相恋，两人毕业回国结婚。先生在外商银行担任经理级主管，而她专心在家带孩子。她娘家在台北市精华地段拥有许多店面，送她一间月租二十几万元的店面当嫁妆。她第一段婚姻维持十多年，最后因先生外遇而离婚。那年她三十五岁，前夫开出优渥的赡养费，并让她拥有当时念中学儿子的监护权。

三年后，她嫁给年近花甲、身价上亿元的董事长。七年后，第二任先生突然因心肌梗死过世，儿子也离家出国念大学，家里顿时空了。

她来看我，主要是更年期的热潮红和失眠。接近更年期，她常觉得有股热浪从胸口直冲脑门，如果半夜发作全身出汗，也睡不好。除了身体不适影响睡眠，她也常担心到睡不着。隔天与人家相约出游或逛街买东西，她当晚就失眠。

此外，她还有独处焦虑。尽管有钟点女佣定时来家里打扫，但偌大的家多半只有她一个人。“我一个人在家，会不舒服。”她说。

我和她讨论更年期症状的治疗，她坚持不要用激素，我开低剂量的抗忧郁剂（SSRI、SNRI，对更年期潮红及情绪症状有帮助）。几个月下来，她的症状获得控制改善，慢慢减量停药。有一天，她说决定搬去养生住宅，希望交些朋友，而且人多住起来热闹些，以后想找驻村的特约医师看失眠，暂时不会再来门诊。

愈住愈忧郁

没想到，半年后她又回来看我，因为担心有忧郁症。刚住进养生村，她挺开心，但渐渐发觉无法融入，甚至愈住愈忧郁。起先，她觉得跟其他住户年龄有差距，住起来不习惯。在园区，每个人见到她第一句话都是“你真好命，这么年轻就进来”，她比其他人小二三十岁。她习惯性地回答：“小孩不在身边，老公走了，我就是个孤单老人。”

后来，人家找她喝下午茶，也愈来愈不想去。大家爱聊的名衣华服、珠宝钻戒，她失去兴趣，逛百货公司变得无趣，名牌服饰穿得下、买得起，柜员也熟，但提不起劲儿。

最后，她不想再应酬别人，索性拒绝园区所有活动。她既不去上瑜伽、游泳课，也不搭接驳专车出游。一周后工作人员发现，特地来关心她：“你怎么啦？是不是身体不舒服？要不要找我们特约医师来看？”

“我只是想要有自己的空间。”她答。

园区帮她约诊特约医师。那位医生认为，她比较紧张、焦虑不安，还没有到忧郁症。她又跑回来看我，除了想知道自己有没有忧郁症，她更想找出到底为什么不快乐。几次门诊晤谈发现，她苦于找不到人谈心、诉苦。和第一任丈夫的共同朋友几乎不再往来，而第二次婚姻认识的贵妇名媛，或养生村认识的新朋友，则仅止于寒暄问候。“大家羡慕我什么都有，但没有人了解我很空虚。”她说。

女水泥工打开她的心

在一次偶然的机会下，她在候诊区与一个女水泥工攀谈起来，发现两人年纪相仿，更年期症状也类似。她直接问：“你更年期这么不舒服，还要去搬砖块、砌水泥？”

女水泥工说：“我从小就这样过。我先生不会拿钱回家，我不出去工作，小孩跟着我要吃什么？房租、水电、小孩读书补习，样样都要钱。太太，你身上穿戴的东西都很漂亮，一看就是好命人。你住哪儿？做什么的？”

她当场愣住，竟然接不上话。

她一进诊间兴奋地说：“医生，我刚坐在外面发现，竟然有女的水泥工，我以为那是男生才会做的工作。我们同年，也一样有更年期问题。我看到她的手好粗，生活蛮辛苦的，可是她看起来蛮快乐的。”

我看一下她的手，水嫩光滑，还涂上了美丽的指甲油，至少超过一克拉的钻戒亮晶晶的。

遇见女水泥工对她是个冲击，在门诊晤谈中，被忧郁所苦的她，之前什么主题都引不起她的谈兴，超级省话，后来的几次门诊却主动问起女水泥工的种种。她认为，跟她同年纪的人，各个生活有目标，打拼工作，她还年轻，没有理由放弃大好人生。在她原来的生活圈，人家会问她穿什么牌子，但没人问她过得好不好。难道她只能靠谈名牌精品跟人交朋友？人家看到的是她的名牌，还是她？

最后，她决定搬出养生住宅，学习一个人生活，并希望能够体验人生，跟人群接触。“医生，我找到了工作，钱不多，可这是我赚来的，原来赚钱是这种感觉。”她兴奋地跟我分享她人生的第一份工作，在咖啡店穿工作制服，煮泡咖啡、招呼客人的点滴。

虽然，她还是全身名牌地走进诊间，但我却是第一次听见她话语中充满热情。我想，公主终于走出城堡，她会慢慢脱掉名牌束缚，走入人群，品尝真实人生的滋味。

给名牌女人的生活处方：如何面对内在空虚？

名牌女人拥有金钱、美貌，用各式课程活动、贵妇下午茶填满生活，仍然觉得空虚。在女水泥工身上，她看见人家的症状比她严重，婚姻不顺遂，还要外出工作养家，却比她快乐、有活力。她领悟，人生因有目标而快乐。

之前她没有想清楚，自己到底要什么。就算有再好的物质享受，也填不满她内心的洞。后来，她坦然面对自己，重新设定人生目标，内心踏实多了，甚至可以一个人生活。面对内在空虚，你可以先开始：

· **疼惜自己**：看清楚在名牌外表下孤单的内在小女孩，请先给她一个深深拥抱。想想，如果你是她的妈妈，你心疼她什么？

· **探索兴趣**：别说自己什么都不会，那是你还没有给自己机会去探索。找出能够让你专注、有成就感的事情，幸福快乐是要自己给的，而不是向外求或寄托在某个人身上。绘画、跳舞、跑步都可以，自己一个人就可以完成，即使是泡咖啡、做菜也行，可以做的事情太多了。

· **做义工**：试着走出去做义工，参与社会公益团体，或者认养世界与国内贫童（我自己同时间认养三位贫童超过十年，是我生命中很重要的一件事）。当你能够对别人的痛苦感同身受，就会感恩自己拥有的，发现自己的苦微不足道。当你想办法给予，愈来愈不在意自己，快乐也会随之而来。孤儿院里的儿童、养老院中的老人、病友团体和流浪动物，都可以是你关注的对象。

· **重新认识自己：** 你有好好认识自己吗？知道自己到底喜欢什么、不喜欢什么吗？在各种不同的环境、时间与旁人身上，慢慢去找你看不到，或不认识的不同层面的自己。组合新旧，做一个真正的你。

给名牌女人的恋爱建议

从她的两段婚姻来看，名牌女人愈嫁愈有钱。传统观念认为，她愈嫁愈好。我也曾问过她，有没有考虑再接受一段感情。她担心接近她的年轻男人看上的是钱，年纪大的男人，又怕他会早走，干脆通通拒绝。其实，她担心人家会为了钱而来，恐怕也反映出她把钱看得很重。她到底嫁的是人，还是钱？

如果，她能脱离男大女小、“郎财女貌”的外在条件限制，还是有可能进入一段关系的。像日剧《单身女万岁》，三十三岁的资深女中学老师，与二十三岁个子小、能力较差的菜鸟老师冒出爱的火花，在现实生活里也不无可能。对于恋爱，她可以做的准备有：

◇过去你的婚姻都是门当户对，“传统”社会钦羡的结合，你可以接受你原来以为“不传统”，但是现在社会渐趋开放的恋爱观到什么程度？

◇看一些讨论社会地位高的女性谈姐弟恋的电视、电影，看的过程中与看完后，写下那些你可以做，且可改变你目前生活的地方。

◇多参与不同种类与形式的社交或朋友聚会，把自己年龄减十岁，把自己当成魅力熟女，多和不同的男士谈谈，发现可能有进一步发展的异性，拿掉束缚你的钻戒与名牌，穿着T恤和牛仔裤去赴约吧！

相信但不要高估初恋的美好

“为了他，我好不容易把婚离掉，但他已经对我没感觉。我不知道有多少次在回家路上想把油门踩到底，看看高速撞上电线杆会不会死得很痛快。我也想过要穿整身红衣，从他家对面大楼跳下去，让他后悔一辈子。医生，我的心好痛，痛得让我好想死，”她眼睛哭得红肿，身体抖个不停，反复说着，“为什么他不肯再给我一次机会？为什么他不要我？”

最初的见面会谈，她讲话毫无头绪、披头散发、双眼红肿，只感受到她愤怒、悔恨和悲伤的情绪，以及非常放不下的那个男人。没有前因后果，听得我一头雾水，他到底是谁啊？前夫、前男友，还是外遇情夫。她好几个月吃不下、睡不着，也无心工作。我先开些药给她，让她吃得下、睡得着，并要求她情绪纠结烦乱时，把脑袋中想到的话都写下来。几次以后，她情绪逐渐回稳，可以好好说话，我才发现她是个美女，身材高挑，脸蛋、声音甜美，听她细诉为何会变成被执念纠缠的怨女。原来，她放不下的那位是前男友，也是她的初恋男友。

令人窒息的爱

那一年，他们在同一家公司服务，都是新进人员，但分属不同部门。她大学刚毕业，在行政部门当助理。他刚当完兵，负责跑业务。在三个月的试用期间，他跟她唯一有交集的地方是茶水间，打过几次照面后，他四处请托同事打听她，展开猛烈的追求攻势。

他英俊风趣、开朗健谈，加上高调示爱，不到一个月，他们就在公司同进同出。她办公桌上的鲜花、巧克力没有断过，平日上下班的接送，周末假日的约会节目，他花心思安排，看电影、下馆子、骑单车、看夜景，营造浪漫氛围，让她觉得被人捧在手心呵护。

初尝爱情滋味的她，认定这辈子就是他，全心投注在这段感情上。她时时刻刻想关心他、接近他，觉得要两个人腻在一起，才会感到满足。然而，她愈想抓住他，反而愈把他往外推。大多数情况下，恋情急速加温后，通常就开始走下坡，因为他不可能长时间维持浓烈的感情强度，生活围绕着她打转。

甜蜜期一过，两人开始有争吵。他面露不耐之色，她抱怨他不够爱她。如果他漏接电话，她就怀疑他偷吃。如果他跟别的女同事多讲两句话，她就不高兴他到处放电。两人爱得轰轰烈烈，吵架也闹得天翻地覆，全公司的人都是这档爱情连续剧的忠实观众，有时还客串中间的传话人、眼线和军师，配合男女主角的演出。

他们交往三年多，男方每隔一阵子就搞失踪、找不到人，因为这段感情快要让他窒息。当他一逃开，她马上从女王转为女仆，苦苦哀求他复合，保证她一定会改。分分合合几次，他受不了这样的纠缠，决心分手。他辞去工作，搬到另外一个城市，彻底跟她告别。

报复性结婚

她为了证明自己没有问题，很快地去寻找新的恋情，不到半年就闪电结婚，跌破所有人的眼镜。她先生是个计算机工程师，跟初恋男友完全不一样，话不多、木讷老实，年纪大她十岁，凡事迁就她、随传随到。此外，先生有房、有车、有存款，可以让她不必出门上班，在家当人妻。

她像得到救生圈一样，立刻递出辞呈，放出要结婚的消息，远离那些等着看好戏的公司同事。她原本有点期待，前男友听到会有所动作，但她期望落空。她告诉自己："当我不是和所爱的人在一起，我就会爱上和我在一起的人。"

婚后不到半年，她过得不快乐，发现自己无法跟眼前这男人过一辈子。"虽然我先生脾气好、顾家，什么都好，但我没办法跟他讲心里话。他的爱太冷静，话家常过日子，日复一日的家务劳动，我连一点点被爱的感觉也感受不到。"她说。

这时候，她格外想念让她真正有感觉的"唯一"，也就是初恋男友。而且，先生的一举一动被她拿来跟前男友比较，加强她相信"离婚会更快乐，初恋男友才是她要的人"的想法。先生事事说好的个性，她嫌弃他没有主见；先生安静话少，她觉得太闷。但是要她主动提离婚，“我不爱你了”这理由，听起来像是外面有别的男人在等着我。她怕最后可能什么都拿不到，那就更坏了。

因此，她故意喝酒失控，用尖锐刻薄的言语激怒先生，天天为小事抓狂，每件事都可以争执，直到疲累。她甚至跟别的男人搞暧昧，逼先生提离婚。她反复无常的情绪摇摆和无理行为，让先生气到最后说出：“我过不下去这种日子，每天吵吵闹闹，做什么、说什么都是错的。你根本不想跟我过日子。赶快把离婚办一办。我倒要看看有哪个男人能够忍受你！”

一直以来，她脑中挥之不去的念头是“离婚、找初恋男友复合”，因此离婚后，她积极打听他的近况、手机和住处，对他的幻想和浪漫情愫，排山倒海而来。她主动打电话、发短信，男方没有响应，她没有死心，后来直接去他住处找他。两人好不容易见上面，她声泪俱下解释自己当初为什么会结婚，后来又非要离婚不可，把先生形容成婚前是好好男人，婚后暴力相向的恶夫。“过去是我不懂事，绕了这一大圈，我才明白我爱的人是你。”她哭着说。

初恋男友听完冷淡地说：“我对你已经没有感觉。过去我努力对你好，却换来不停的分手、哭泣、死缠烂打，那三年我很累。现在我明白问题在哪里了！分手后，我感觉松了一口气。我看你没有多少改变与成长，真不知道我那时怎能撑那么久！”

对初恋男友告白不成，让她彻底崩溃，她离婚就是为了跟他复合。她眼泛泪光地问我：“医生，我的问题到底在哪里？我拼命问他，他都不肯讲，我保证我会改的。我要怎么做才能挽回他？”

在我看来，她不见得仍爱着初恋男友，而是爱上对爱情的浪漫幻想。她有戏剧型人格，渴望成为目光焦点，强烈需要伴侣注意她、附和她。“从这两段关系，我看到的是，你的爱有不成熟、需索、依赖的部分，期待对方满足你，让你感觉很好。你有没有想过，最懂得如何让自己快乐的人就是你自己，自给自足的快乐才能长久。要求别人来爱你之前，你要先爱你自己。”我说。

她问：“只要做到爱我自己，他就会回头了吗？”

我答：“若真心想挽回这段关系，就别再去烦他，专心自我成长。当你变成快乐、自信、自认值得被爱的人时，你才能在关系里表现这些感觉，才会是成熟的爱。那时候，谁来爱你，一点也不重要。至于，还会不会是他，只能等待时间证明。”

你有公主病、女王症吗？

故事的女主角在初恋当公主，在婚姻里当女王，以自我为中心，可以把生活琐事戏剧化、上纲上线，使对方疲于应付。她无法自我成长，需要在一段段的关系中得到注意力，因为她内在戏剧型的人格强烈呼唤“我要镁光灯”。如果你有下列特质，可能有公主病、女王症：

- **无法长大，自认应永远被捧在掌心。**不懂人情世故，说话常不自觉伤到别人，却认为是自己没心眼儿、不懂耍心机，事实就是如此，别人不应该大惊小怪。不过，提醒你：做人处事和应对进退，如果没有应有年纪的成熟度，其实是“白目”。说话前，先想清楚这句话该不该说，或说了以后别人会有何反应，请想清楚再说。
- **出问题时自己永远没有错，凡事以自我立场出发。**一有不顺心的事情，就先找出好几个理由来正当化自己的行为，然后去责备对方的不是，自己是全然的受害者。简单地说，就是地球以自己为中心运转。

• **所有的人都应该臣服、配合你。**追求者说过的话一定要做到，没做到就是花言巧语，就是双面人。

• **理所当然地把男人当奴仆使唤。**

• **依情势演变争取同情。**用力告诉周遭的人“我已经这么努力了，为什么所有人都不体谅我，为什么我要受到这样的待遇”。

• **对爱情有不切实际的幻想。**对身边的男生不屑一顾，认为别人太平庸、配不上自己，满心期待俊帅又多金、体贴又专情的男人，从爱情电影或小说里走出来和自己不期而遇，或在下一个转角遇到爱。不过，请先想想自己有什么地方可以配上好男人。

给公主病、女王症的生活处方

《别当那种女孩》一书提供以下妙方，快速降低你的戏剧化程度，在社交场合得体应对：

• **友善：**与别人第一次见面时，可以用温暖的微笑、眼神接触，试着找出对方优点，并适时称赞对方。其实，你是个很棒、很令人兴奋的人。只要你把精力降低一点点，有限度地表现出你的热情、诚实和率真，对方就会愿意对你敞开心胸，但不至于筋疲力尽。

• **沉默是金：**你曾经停下来想想，自己是否独占整段对话？下次跟别人讲话，注意别人的讲话机会有多少。两个人谈话，最好是一人讲一半。如果发现一半以上的时间都是你在说，那就需要减少话量，练习尽量听别人说话。

·问问题：你太习惯说话，早就忘记坐着、放松、让别人说话的感觉。下次与别人对话，专注了解别人，而不要一直谈论自己。用一些引导、开放式的问题引导对话，例如对方的嗜好、兴趣。然后从他们的回答找出更多问题。最重要的是，你要用心聆听。

·保持神秘感：讲白点，就是不要交浅言深。练习抗拒大吐苦水的欲望，减少高谈阔论自己的私事，尤其刚认识一个男人，第一次对话绝对不要跟他倾吐过去失败的情事和随之而来的悲惨情绪。

给公主病、女王症的恋爱建议

如果你觉得生活平淡无趣，梦想有一天白马王子出现，期待用感情填满生活缺乏的冒险刺激，恐怕会大失所望。而且，过度沉溺于戏剧化人生，通常容易让自己产生都是别人让我不快乐的错觉。痛苦多半是自己想象出来的。停止用夸张的行为来引起注意。

性格决定命运！公主病患者需索无度，就像个不停在讨债的人，最后别人一看到你就怕、拼命想逃。在这世界上，能够对你无条件付出、不求回报、完全包容你的恐怕只有父母。在一段健康的关系里，需要两个人对等付出，而非找个爸爸来宠你。如果不是在某个阶段、某个际遇里，受到感召或冲击（失败）想逃脱，也许一生中的每个转折点就是不知不觉地受这病影响，与其一辈子沉浸在自己本来就是公主的错觉里，不如努力真正朝公主之路前进，下定决心改变，成为真正心地美丽的真公主！

如果有一天，我等不及，也等不到你，我会收拾好行囊，

带着我所有的思念，继续去寻找你们，也寻找自己。

或许在黄昏，或许在清晨。或许在山边，或许在山岗。

第三章

练 习 一 个 人

根据统计，截至2012年年底，台湾有九十九万的妇女丧偶。经历配偶死亡，身心如何调适，一个人以后的日子怎么过？

美国针对十二万名五十岁至七十九岁妇女的“妇女健康行动”研究指出，刚面对死亡的熟龄妇女，身心剧烈受创，丧偶三年内常有不明原因的体重减轻，随后身心慢慢复原。这项研究报告指出，过去可能低估熟龄女人的韧性和她们重建社交网络的能力，社会应加强社交支持系统，帮助她们度过丧偶之痛。

台湾的调查显示，九成以上的离婚或丧偶妇女不考虑再婚，仅7％的人有意愿寻第二春。常见的理由有“年纪大不想再婚”“恐惧婚姻”“习惯目前生活”和“想过自由生活”。

一般说来，女人比男人长寿，加上传统男大女小的嫁娶模式，女人最后多半还是一个人过日子。熟龄女人最要紧的是，学会一个人生活和维持社交网络。陪伴你走到最后的人，最有可能的是老友们，因为小孩长大会离家，老伴多半会比你早走。

年轻、中年和熟龄丧偶，要做的人生功课也不一样，这章我们以熟龄妇女为主，讨论如何度过丧偶哀伤、更年期和婆媳关系等。如果有再婚的意愿，我们也提供实用的方法和建议。

当爱的人中途离去

那天，她哭着进门诊："医生，医生，我的乌龟死掉了，怎么办？"

刚过五十岁的她，泪流满面，她儿子一直轻拍她说，没关系、没关系。她激动得坐立不安，哭到过度换气，根本没法谈，还嚷着要去死，吓坏家人，想不通妈妈怎么会为了才养一年多的乌龟大哭崩溃，甚至想死。

我给她一点轻微口服镇静药，缓解过度换气现象。哭得上气不接下气，也很难会谈。等她稍稍恢复平静，我请她先把事情理好，再好好说一遍。陪在一旁的儿子不停地安抚妈妈，"我们等一下就去买一只新乌龟"，并请太太先把妈妈带出去。

我当场吩咐她儿子："今晚先让妈妈好好睡一觉，其他的明天再与我联络。今晚要特别注意她的情绪，别让她激动，要小心她伤害自己，需要有人二十四小时陪在她身边。”

在我来看，乌龟死掉引起她情绪激动的原因是，她回想到先生的死，在医学上，叫作“创伤再经验”。一年多前，她先生罹癌过世，才开始养乌龟。那时，她成天窝在家里抄心经、折纸莲花。她觉得，街坊邻居、亲戚在她背后指指点点，说她克夫，她想做功德回向给亡夫。儿女们力劝她，多出去上课、参加社团活动，但她怕别人笑她什么都不懂或问她先生的事，宁愿成天把自己关在家里看电视，哪儿也不去。

因此，她被儿子带来我门诊检查，诊断有忧郁症。除了吃药治疗，孩子们也想，如果妈妈不想出门，不如买个宠物做伴。儿子带着她到宠物店，硬逼她无论如何挑一样。最后她选择养乌龟。至于，当时为什么会选乌龟，而不是狗猫，除了照顾简单，更可以说，她想乌龟应该能陪她最久，也最不会离开她。然而，她无法承受，连乌龟也跟她先生一样，说走就走。

过去，她先生一向健朗，反而是她四十几岁就有糖尿病、高血压，需由先生开车带她来医院看病。但后来，先生从被诊断罹癌、化疗到最后走，才短短几个月的时间，她每天照顾癌夫，忙得团团转，还来不及悲伤，先生就走了。等办完丧事后，别人只要一提到她先生，她就狂哭。为了怕她哭，家人刻意不提，她自己也走不出来，陷入忧郁情绪。这一年来，她忧郁症状减轻许多，但还持续哀伤，固定回诊服药。

三个月后，她带着像小女孩般的灿烂笑容，走进诊间说：“医生，我养了一只新乌龟！”

如何和配偶说再见？

在生活压力事件量表，配偶死亡排名第一。死亡或其他重大失去经验所带来的悲伤，可分为五个阶段：否认、愤怒、讨价还价或罪恶感、忧郁和接受。在传统观念，忌讳谈论死亡。若用回避的态度面对丧偶，容易停留在悲伤里，走不出来。想要走出丧偶的悲伤，你可以试着做：

· **寻求家人或团体协助**：告诉自己生老病死是“无常”，但是“正常”。丧偶会痛、会经历上面五个阶段，起起浮浮，多数人半年后生活会慢慢回到常轨，但是有支持你的人，或是有类似生命经验的姐妹淘、基金会或专业团体，陪你一起走过会更好。不必一个人独自饮泣。

· **健康自我对话**：告诉自己，我会很好，把自己过好，不让先离开的先生担心。让他好好走，不要挂念你、放不下你。

· **别用酒精药物或闭门不出**：我知道你很痛，去面对伤口、疼惜它才会好。压抑与逃避痛苦，只会痛更久。

通常花多久时间走出哀伤?

悲伤通常包括三个阶段：第一阶段将持续一到三天，通常的反应为震惊、否认和不相信。第二阶段是悲伤的最高点，通常持续两到四周，甚至持续半年一年。此阶段的反应为痛苦地思念、心神不定、追忆、想念死者的音容、悲伤、流泪、失眠、食欲减退等。第三阶段发生在死亡后一年内，其反应为事情解决的感觉，减少伤心的次数及恢复一般活动。上述为一般性现象，会因人而异，这些阶段也可能不依顺序、重复出现。

如何重新开始一个人的生活?

我观察，许多被子女带来看病的丧偶妈妈，在诊间不太说话，多半是子女在讲，大小事多由子女决定，少有自己的声音。对于再婚，她们大概连想都不敢想，怕别人说闲话，小孩也不见得赞成。

根据统计，台湾女人平均寿命82.5岁。以故事中的妈妈来说，人生还有三十年，她需要的是子女的关心和陪伴，但不见得要依附儿女过活。对于未来，丧偶妈妈可以做的准备有：

· **学习独立**：失去丈夫的同时，也是告诉自己必须独立的时候。结婚后双人生活也是练习适应出来的，独居生活也可以重新及“从心”练习。

· **先练习自己出门**：练习重新熟悉大众交通运输系统。可以先从练习自己出门看病做起，许多医院有医疗接驳专车，有固定班次接送，练习一个人坐车，而不再只是“跟”儿女来。

· **女人五十岁才开始**：虽说年过半百，但许多五十岁女人还是对这个世界兴味盎然！当你年轻时，有什么梦想还没做或没完成的吗？甚至，当你是个小女孩时，你想做的事是哪些呢？现在你更有时间、空间去做，并且享受单身贵族乐趣呢！

死亡是每个人都要修习的人生功课，特别在老年时，死亡是个重大且必然发生的事。年老的人，有一部分的生命是用来承担最爱的人死去的事实。配偶死亡是极重度的压力，但是生命还要继续往前走，再长命的乌龟也不能陪你一生，只会变成你不能再往前进的一种安慰与借口，抬起头往前看，抬头看看天空，老天爷要你继续往前走，不要停下来。假想从现在起，你只能再活十年，哪个目标是你还没有完成的呢？这些没有完成的目标中，最重要的前四个是什么？

你能否重新排列目标，使你在早期的生命中及早完成最重要的目标？如果可以的话，你会消除一些因目标无法完成而带来的压力，而且不会感到浪费生命。我们都了解，不论年纪多大，死亡是随时随地都可能发生的，如果我们至少完成了自己最重要的目标，压力将随之减轻。

我们可以认为自己好孤单、好寂寞，也可以认为这正是一个认识自己的良好机会。太在意死亡，会使我们无法充实地去过剩余的生命；太注意身体的病痛，也只会让病痛更加恼人。如果把注意力放在其他事件或人身上，或许我们会暂时忘记那些病痛的存在。

总之，自我察觉带来救助和希望。我们有能力借由知觉好的一方面，活出自我最大的价值，而这个选择全都操之在己。

死亡是银发族的必修课

学者哈维格斯特（Robert Havighurst）提出发展任务论，将生命看成是一系列的发展任务，当我们要进入下一个阶段之前，必须先成功达成上个阶段。成年人晚期是哈宾哥尔所指的最后一个阶段，始于五十五岁。这个阶段跟前面各个阶段一样，有很多新的经验和必须处理的新情境。哈宾哥尔认为老年也是一个继续不断发展的过程，他提出老年时的六个发展任务：

◇适应身体和健康的衰退。

◇适应退休和收入减少的生活。

◇适应配偶死亡的日子。

◇与同年龄的团体建立有意义的关系。

◇迎接社会和公民的责任。

◇建立满意的居家安排。

成千上万个路口，总有一个人要先走

“我们才说好明天要一起庆祝结婚十五周年，我们睡前还亲亲抱抱，他怎会夜里就没了呼吸、全身冰凉，我打求救电话，救护人员一来就电击，我拼命叫他，一路上‘哦咿’到医院，我拜托急诊医生一定要救他，但医生说他不行了，没救了！他怎么舍得放下我和孩子。”她抽抽噎噎地哭起来，曾经有一整年，她像录音带一样反复播放着五年前的那一夜，先生急性心肌梗死发作，她叫救护车、送急诊、求医生救他，最后宣告不治。

那一夜之前，她的婚姻像活在浪漫电影里，他们每天牵手睡觉，出门前亲吻道别，晚饭后一起牵手散步，鲜花、卡片在婚后没有断过。周末假日安排家庭聚会或者四处出游，每年也会定期出国旅游。

她和先生出国念书认识，那时她念企管硕士，先生念财务金融的博士，两人相差八岁，在美国完成学业，回来结婚成家，生了一个儿子。她专门做企业激励演讲，精明干练，虽然年过四十，仍然保持少女般的体态（身高165厘米、体重42公斤）。

不过，她个性要求完美，长期有厌食、失眠和情绪低落的困扰。她来看我门诊有十年，最初是因为她心情不好就暴饮暴食，吃完东西就跑厕所吐。隔天要上台演讲或简报，她就失眠。她天天量体重，只要体重超过45公斤，马上失控大哭。

外人看她上台侃侃而谈、光鲜亮丽，只有她先生看见她内心其实是个小女孩，经常陪她来看门诊，并认真研读相关书籍。几年下来，她吃药控制、学会放松，虽偶有失控，但已经不会影响生活。

那一夜，不只带走她先生，也让她内心的小女孩顿失依靠。她先生死后，她第一次来我门诊，面容憔悴，重复讲述先生猝死的过程，眼泪、鼻涕齐流，妆都哭花了。我从来没看过她那么无助，像个吓坏的小孩痛哭失声，哭了快一小时。“医生，我怕耽误你下一个案，我去隔壁间哭，等我眼睛不红，我才敢出去。”她说。

哀莫大于心死

先生的后事是她姐妹和好友帮忙办的，因为她整个人被巨大的哀伤淹没，饮食失控、生活脱序、无法工作，甚至丧失求生意志。丧夫那一年，她成天把自己关在屋子里，翻看先生留下来的每样东西，躺在床上胡思乱想，吃不下也睡不着。

过去，家里三餐由先生打理，现在换成念中学的儿子去买饭回来，端到床边给她：“妈妈，求求你为我吃几口好不好？”等儿子出门上学，家里只剩她一人，她才敢哭出声。情绪低落的她，转向食物寻求慰藉，一次吃掉半条白吐司，再跑到厕所吐。

她沉溺在自己的悲伤里，脑袋像个跳针的收音机，不停播放那一夜送急诊的过程，并穿插过去和先生在一起的美好时光。她怨恨老天为什么要带走他，也自责要是早点发现，说不定就能够救回来。对她来说，结婚周年纪念日变成先生的忌日，这门生死功课来得太早，她内心的小女孩还没有准备好，先生走了，她也不想活。遇到情人节、圣诞节等重要节日，她的朋友和儿子要轮流守着她，怕她想不开寻死。

丧夫让她封闭退缩，拒绝全世界。她跟朋友讲："别告诉我你们的事情，好的坏的我都不想知道，知道又如何。连跟我这么亲的先生，说走就走，你们也可能突然走掉离开我，到时候我一定受不了。我不要再去关心任何人，这过程太恐怖、太痛苦了。"

我不断提醒她："你先生会希望你这样吗？你这样下去，对儿子很不公平。他等于被迫提早长大，取代爸爸的角色，承担照顾妈妈心灵脆弱的那一面。"

"医生，这些道理我都懂，但我就是做不到。我想赶快好起来。我也不想拖累儿子。我有照你说的，每天为自己做一件事，逼自己按时吃抗忧郁药、出门运动、找朋友聊天，我甚至刻意租喜剧电影回来看，但我就是笑不出来，开心不起来。"她说。

我鼓励她，没有人能一次完全放下悲观、负面的想法，只要每天进步一点点就好。对于来不及和先生说再见的遗憾，我建议她可以用写的方式，写下任何想和他说的话，如果当天情绪不好、写不出来，练习对着他的相片讲讲内心话，慢慢释放悲伤。

内心的小女孩学习长大

她从觉察自己的情绪开始，每天填写情绪分数表，并买了一本漂亮的笔记本，记录她对先生的思念，有什么事想跟他商量和无可诉说的哀伤都记下来。三个月后回诊，她密密麻麻地写满四五十页。

一年后，她开始接受企业邀约，出门工作。后来，她偶然接触丧偶的成长团体，当她听到别人大方分享丧偶历程，觉得自己并不孤单，并且试着和孩子谈论爸爸的死亡，以及过去全家一起去旅行的趣事。她开始重回原来的社交圈，不再避讳与朋友谈论亡夫，甚至有意愿认识朋友介绍的新对象。

在最近的一次门诊，“医生，我今天出门前站在镜子前，正在挑选该戴哪一副耳环配我的新衣服，突然感觉我的生命回来了，没想到竟然挑到和你同款的水晶耳环。”她说。

我忽然想起，她十年前来看厌食、暴食问题，看诊都会戴动辄上万元的钻石耳环和名牌钻戒、钻表，丧夫那一年甚至不敢哭红双眼走出诊间，投射出她内在的小女孩恐惧发胖、变老，十分在意外人的眼光。但是，现在她可以接受比较平价的饰品（这款水晶耳环和她之前戴的钻石耳环价钱差一个零），看诊就算讲到哭出来，也不必再到隔壁诊间坐半小时，等哭红的双眼消肿，反而可以直接走出诊间。

住在她心里的小女孩真的长大了！

中年丧偶该如何调适?

《你是我的心肝宝贝》《不能没有你》《你是我的所有》，歌曲里对爱人是唯一、无可取代的描述听来浪漫。然而，夫妻伴侣终究有一个人会先走，当世界没有那个唯一，日子还是要继续下去。中年丧偶，除了要调适自己，可能还需要帮助小孩一同走过哀伤。中年丧偶者可以：

· **诚实坦率与小孩沟通死亡与悲伤**。考虑孩子的发展阶段，用他能听得懂的语言沟通，并且协助他用说的、写的或者画的形式表达感受。

· **考虑小孩的发展阶段**。儿童不会以大人的方式来哀悼，儿童也没有和大人相同的能力忍受长时间的强烈痛苦。他们可能会一次突然发作哀伤，也可能延宕深层的哀恸，直到日后的发展阶段。

· **鼓励小孩去哀悼**。让他对处于哀伤中可能经历的事情有所准备，例如可能会觉得难过或不快乐一阵子。邀请小孩和你分享感受与疑问，以及协助小孩用对他而言自然、安全的方式来表达感受，例如用角色扮演与想象。

· **好好照料与处理自己的哀伤**。你健康哀悼的模式，其示范作用远比你所了解的还重要，要让孩子看到你如何在哀伤中照顾自己。你的小孩可能会想要帮你在你的僻静处所里布置一个供桌，假如小孩看见你定期地利用那个心灵静地，说不定也想自己尝试利用那个地方，也学习、体验你获得宁静安详以及度过哀伤的方式。

给完美女人的恋爱建议

完美女人和她先生的联结太强，她可能很难再找到像她先生一样的男人，因为她先生是把她当女儿在疼。她先生一直付出、给予，而她一直在接受和被照顾。在心理层面，先生是她唯一的支柱和保护者，所以一旦先生走了，她的世界也跟着垮台。但是一段健康的关系，应建立在双方经济和心理都能各自独立的基础上。若想要进入下一段关系，完美女人可以：

花点时间让自己思考这个问题：能爱人，是很美好的事；不能爱人，是悲伤且悲哀的。创伤可能让我们短暂失去爱人的能力，但当有一天，你发现你能再爱人时，恭喜你，你好棒！

经过创伤的转折点，接下来该是掏空背包的时候了。虽不容易，但我们必须找到可以轻松旅行的方法。我们需要工具来帮助我们打开背包，一件件地抛掉哀伤，然后疗愈、整合伤痛，直到伤痛变成中性，不再影响我们的日常生活。我们必须再回到学习之路，需要计划或策略。在旅途中，我们会无知、健忘、分心，于是我们会在这样的黑暗中找寻亮光，在人间找寻自己、找寻目的。

丈夫死于意外，女性陷入严重危机，对自己的成年自我感觉万分茫然。问题倒不是丧亲之痛，而是她一向赖以维系的安全感、成就感与依恋，刹那间幻灭，这才是真正的创伤。虽然还有个孩子需要她照顾，她却觉得自己好像“被抛回了青少年时期”，要觉悟自己过去一直依赖婚姻来建立自我的整体感，别让成长中的孩子过度早熟，变成自己“新的丈夫或父母”。

麻醉是暂时的，不过终究会变成真实自我的一部分。我们会麻醉自己的潜力、才干、爱人和被爱的能力，以及自己的正向特质，借以压抑疼痛。我们可以表现出一副没事的样子，有时候我们实在装得太好了，好到往往会相信那样的自己，并以为我们会一帆风顺。我们丢进谎言机制里的“疼痛”愈多，我们的光（我们的真诚和独特性）就愈难照进这世界。因为错误的自我认同和压抑，我们的光愈来愈微弱，然后阴影愈来愈强大，而且默默地接管一切。情绪低落和觉得受伤是疗愈你自己的理想时刻！你可以这样做：

用正向的肯定句与自我对话，包括：我可以做到、我热爱挑战、我一天比一天好、我值得、我该得到这样的报偿、我全心全意、我无人可挡、我的内在拥有改变所需的一切特质、我毫不费力就可以做到、我是优胜者。

把注意力转移到你的目标上，回想旧行为让你受到的极度痛苦，以及你渴望的行为带给你新的直接喜悦。

无需怨怼，这一切都是最好的安排

“不抱怨运动”的创始人美国知名牧师威尔·鲍温说过，一般人每天平均会抱怨十三到三十次，甚至未察觉自己正在抱怨。他观察，长年抱怨的人最后可能被周围的人们放逐，因为他们发现自己的能量被这个抱怨者榨干。而我有个个案当事人正是如此，无止境地抱怨让她唯一的女儿选择远嫁美国，先生车祸过世后，被她女儿带来门诊，想要戒除安眠药。她女儿说：“她一开口就没有好话，亲戚朋友邻居，没有一个人她不嫌的，连我都受不了她，谁敢靠近她？”

六十多岁的她，八字眉，眼神呆滞空洞，嘴角下垂，看起来有点凶。“叫你好好看一个医生，别再四处乱拿安眠药，哪有人白天吃安眠药？”她女儿语带无奈与不悦地说。

“医生，我没有啦，她乱讲。”妈妈情绪有点激动，大声自己辩解。“还说没有，你上次……”女儿说，妈妈的生活里只剩吃安眠药，十年前爸爸还在，他还会带她去看医生、盯她吃药。等爸爸走了，妈妈一个人住，成天把自己关在家里，煮开水也会忘了关火，把水烧到干，很危险。

因为父亲走了，女儿安排妈妈从乡下搬到都会区，住进有几百户和管理员的新大楼，但妈妈离开熟悉的环境，一直不适应新小区。不过，女儿表示她努力了，认定妈妈无法照顾自己，永远也不会改变，不像有些人甚至把还算健康的父母送入养老院。但是我一有机会也持续告诉她：她本身执着的想法，也限制了妈妈可能的成长与改变。

"我不可能把妈妈接来美国住，我照顾两个小孩，忙得团团转。我妈很容易生气，怎么做她都不满意。跟她住，我一定会崩溃。"她女儿每三个月从美国飞回来，带妈妈看病。她说，妈妈看谁都不顺眼，好像全世界都对不起她。妈妈过去做清洁工，到现在还一直念以前娘家穷，重男轻女，没给她书念，让她这辈子四处打零工。妈妈怨叹先生不会赚钱，没有多留一点钱给她，也气唯一的女儿竟然不留在台湾，执意远嫁。尽管事情已经过去好久，妈妈不时拿这些事情出来念叨。

"医生，我一个人活着没意思。你要开给我安眠药，我没法睡觉。"妈妈两眼直愣愣地盯着我。我先帮妈妈做检查，排除老人失智症和躁郁症，发现她是长期低落情绪疾患。精神恍惚是长期吃安眠药引起的副作用，爱发脾气，但还不到躁郁症的程度，只能算是她习惯抱怨、喜欢发牢骚。

"杨妈妈，别叹气！我看你身体很勇健，没有高血压、糖尿病那些慢性病。你女儿很孝顺，放着两个仔不顾，专程从美国飞回来照顾你。只要正确吃药，不要乱买药或自己多加药，好好过生活、多多活动，你记忆力会慢慢变好，也会较容易睡觉。”我说。

为了盯妈妈吃药，她女儿在第一次门诊结束后，决定在台湾待一个月。除了盯吃药，她也把妈妈的健保卡收起来，以免她四处挂号、拿安眠药。她也帮妈妈四处打听附近独居老人送餐服务，但被妈妈拒绝。她只好带妈妈拜访左邻右舍，看以后有没有人愿意帮忙买外食给妈妈吃，或以后愿意陪病带她去看医生。母女也去大卖场采买微波、冷冻和罐头食品，让妈妈以后在家能够简单料理吃食。

她女儿积极鼓励妈妈多去外面认识人，像参加小区大学、跳土风舞或者练养生气功，但妈妈通通不要。最后，妈妈勉强愿意跟邻居去进香拜拜。回美国后，女儿天天打越洋电话盯吃药，询问三餐和生活起居。她妈妈被一个七十多岁的邻居阿嬷带来看门诊，问有没有按时吃药，她妈妈直接拿手机拨到美国对女儿说：“医生要跟你讲话。”

三个月后，妈妈的睡眠和情绪有显著改善。我在越洋电话里跟女儿交代，妈妈爱抱怨，主要和她个性有关。那是她从小养成的沟通方式。多跟妈妈打电话联络，她才不会郁卒，也可以预防老化与失智。

两年下来，我看见妈妈的转变。原本一张臭脸的她，现在比较开朗、爱笑，脸上线条也柔和多了。以前需要人家带来看病，现在可以自己从桃园市转两趟公交车到林口。以前生活里只有吃药，现在经常跟着进香团四处去玩，主动找人聊天，也会约几个邻居一起去小区办的中秋节晚会和元宵节灯会。

我也发现，因为有共同目标，帮助妈妈摆脱对安眠药的依赖，这对母女互动频繁，关系也变得比较好。每次我问到女儿什么时候回来，妈妈会喜滋滋地多聊几句。父亲走了，加上隔了一个太平洋，女儿对母亲也愈来愈能包容。过去女儿只想逃离妈妈，可是当女儿做母亲以后，她慢慢体会做妈妈都想给子女最好的东西，感恩妈妈倾其所有，栽培她念书、出国留学。她也理解，妈妈是因为不懂抱怨、尖刻等负面言语的杀伤力，一直感觉自己像受害者，让人争相走避。她曾经泪流满面地告诉我：“我有那么讨人厌吗？连唯一的女儿都躲得远远的。”有时还透露想要了结生命的念头。

我让她尽情哭出来，对她说：“你一直停留在过去，觉得世界对你不公平。你必须摆脱受害者的心态，放下过去恩恩怨怨，让自己多笑笑。”笑容是最好的化妆品。“往前走吧！不要只依赖你女儿。走入人群，人生不管几岁，都可以重新开始，仍是充满未知与各种可能性的！”她静静地听着，从她眼神里，我知道她听进去了，即使个性与行事习惯不是很快就能改变，但只要先有觉察与认识，我相信她会愈来愈好的！

这对母女关系的转变，是因为女儿先改变，了解妈妈也有自己的人生难题，选择负起责任改善这段关系，妈妈也因此改变。如同威尔·鲍温牧师说的：“几乎所有的抱怨，都跟人际关系有关，而你，绝对有能力转化任何一段不理想的关系。”

如何面对爱抱怨的人？

我们生活中获得的快乐，不在于我们身处何方，也不在于拥有什么，更不在于我们过去是怎样的一个人，而是我们心灵真正达到的境界。

抱怨只会招致更多的抱怨。与其抱怨对方，不如起身改变。女儿可以先给妈妈时间与力量，或许你有不愉快的童年，或与母亲相处不佳的过往，要先放下啊，再给妈妈成长的机会，年纪不管多大，人生都有机会重新“洗牌”，再往前进与继续成长。不要对妈妈甚至对自己画地自限，只要你不放弃改变与成长的可能，这样不止你自己，甚至连母亲也可以开拓新人生，甚至有第二春的机会。

如何停止抱怨？

好命的女人不抱怨，即使过去歹命连连，在不幸福的童年与伤痕累累的过去长大，因为懂得人生苦短，不任悲伤情绪操弄，自我修炼中学会安抚自己的心灵，不为杂事烦恼，不为烦琐小事拖累，专心做自己能做的和该做的事，才能享受属于自己的幸福人生！

反之，抱怨就像背后灵，别人只会想躲你远远的，让自己充满正向的能量，笑脸迎人，人们会自动往你靠近哦！

如何远距离照顾银发妈妈？

故事里的女儿远嫁美国，但她放心不下丧偶又独居的妈妈，两地奔波，找寻社会资源和相关支持。根据统计，六十五岁以上年龄层自杀死亡率高居各年龄层之冠，尤其经历过丧偶的独居长者更是其中的高危险群。如果无法和家中长者同住，该如何远距离照料他们看病和生活起居?

独居老人普遍担心发生意外时，无人能及时给予帮忙，宁可孤单地生活，也不愿意到赡养院居住，对自己生命的即将结束感到消极绝望。独居老人普遍的需求是电话问安、归属感与爱、安定感、被尊重感、关怀访视、送餐服务、紧急救援系统及扩充服务、爱心关怀专车陪同就医、小区互助活动、长期照顾相关服务等，还有间接的社会关怀照顾，如亲友邻居及社会的关怀，这是老人普遍且迫切的需求，也是大家用点心就可做到的，如举办及接送老人参加文康娱乐研习进修活动、法律咨询、信息提供、复健、运动、休闲、娱乐、医疗保健等。

卫生部门的“远距健康照护服务发展计划”，能服务独居长者，并提供下列服务：

- **二十四小时健康咨询**：设有二十四小时值班护理师，能提供实时咨询服务，由护理师提供会员第一线卫教咨询、护理指导等，若情况复杂可进一步咨询值班医师或其他专业人员，并限定在一小时内回复。
- **生活资源转介**：整合各区域生活资源的相关信息，可供民众来电洽询或网络订购。
- **远距生理量测**：通过信息系统建置，搜集个案生理量测数据，若发生异常，照护人员实时去电关心、给予卫教。若需提早回诊或急诊，则会通知主责医院处理后续照护事宜。

女儿可以善用这些资源，母亲也可通过这些活动，建立有意义的人际互动与新的关系联系，甚至有可能发展第二春哦!

放下心中那面贞节牌坊

她第一次被儿子带来看我，刚过六十岁，吃不下饭、体重急速下降、失眠和没有原因的全身酸痛。那时候，我花一段时间仔细会谈与澄清：她有更年期身心症、自律神经失调，且已达忧郁症诊断标准。

她忧心忡忡地说："医生，我儿子都三十几岁了，怎么还没有找对象，我什么时候才可以抱孙子，我家香火该不会要断在他身上，我怎么跟死去的先生交代？"

我好言劝慰，先好好治疗，把自己身体养好，要能吃能睡。太烦躁时，转移注意力，尽量以"动"来缓解焦虑，活动是基本，能运动更好。你自己变好，就是儿孙的福气。没多久，我就听到好消息，她儿子结婚了。我以为，这下她可以放宽心，好好养病。没想到，她这里痛、那里痛的老毛病复发加剧，被儿子、媳妇带来看病的次数更加频繁。

诊间里，我明显感到她跟媳妇互动冷淡，不像跟儿子那般热络。起初，我想婆媳相处可能需要一段时间磨合，也没有多问什么。但有一次，她被儿子带来看诊，轮到她时，刚好儿子去上厕所，她先进来诊间，突然有点激动地说："我非常不习惯家里多一个外人在。"我还没来得及多问什么，儿子站在诊间门口，我想多问几句，但她欲言又止的样子，我大概猜到，她指的是媳妇。

多年媳妇熬成婆

往后多次门诊下来，我慢慢拼凑出她的故事。她四十岁丧夫，当时儿子才念小学，靠夫家经济援助，抚养独子长大。她公公中风，长年卧床，她婆婆精明能干，靠着一间木材店养大六个子女。先生死后，婆婆决定将手头上的几间房子留给她收租，维持她们母子生活。她理所当然地搬回婆家，帮忙婆婆煮饭、顾店，并照顾生病的公公。然而，婆婆从没给她好脸色，怨怪她克夫，否则她不必白发人送黑发人。

当时，有许多人想替她介绍第二春，对象都是离过婚或丧偶的鳏夫。婆家的态度是孩子一定要留下来，不能让她带走。她舍不得离开稚子，又害怕邻居和周遭亲友的闲言闲语，很快就打消了再婚的念头。

我发现，她非常害羞保守，生完小孩后，竟然从来没有看过妇产科。"健保局"与医院计算机联机系统针对三十岁以上还没做过子宫颈抹片的妇女，打印提醒单，我连拿好几次提醒单给她，最后问她："怎么还没去做抹片？"她说："我先生都死很久，做那个丢脸死了！”即使因为更年期的阴道干燥、瘙痒，发生阴道感染，她也不敢去看妇产科医生，拜托我顺便开药给她，我还是坚持当天帮她挂进一个妇产科医师的门诊，等看完我的门诊，直接去妇产科报到。

两年后，她儿子离婚。“因为媳妇不想生小孩。”她说。她儿子也辞去工作，每天从新竹通车去台北念博士班。那时，母子感情亲密，她儿子特别去看妈妈上台跳土风舞，并全程录像，还把当天发表会活动录像烧制成光盘，分送亲友，连我都拿到一张。

几个月后，儿子与离过婚的大陆女子交往，妈妈极力反对，因为怕儿子被骗。妈妈全身酸疼的老毛病又犯，也不再出门跳土风舞，成天把自己关在家里。

最后，儿子执意要娶她进门，妈妈和新媳妇同住屋檐下，不到半年，儿子和新媳妇就搬到台北，留妈妈一人在新竹老家。

我也发现儿子对妈妈愈来愈不耐烦，当妈妈开始抱怨媳妇，他马上打断，催她赶快跟医生讲哪里不舒服就好，不要再讲些五四三的。“医生，只要路边有人搭棚子办丧事，我那天回去就会睡不着，我好担心以后自己一个人死在家里，没有人发现。”妈妈说。

他儿子脸色一沉，接着说：“我们每个周末都有带小孩子回去陪你，你还要怎么样啊！”妈妈备感委屈，激动地说：“当初我是为了你没有再嫁，要不然我现在怎么会落得没人依靠，现在还要看你的脸色，我是老歹命啊！”

我感觉到母子冲突一触即发。

我赶紧跟妈妈解释：“你儿子不见得是那个意思，你们现在是带着情绪在对话，很多话不经思考就脱口而出，伤害性更大，你不要一直往负面想，先停止负面思考，我们才能继续往下谈。”

等她逐渐平静、转移注意力，我又花一段时间讨论她的生活，鼓励她要多出门认识朋友或和邻居聊天。儿子推托说有事要忙，或许是他觉得脸面无光，急忙把妈妈带离诊间。

我叹了口气，希望她能把刚才讨论的东西放在心里，带回去慢慢实践在生活中。

如何当个开心婆婆？

婆媳关系向来是一道难解的习题。故事里的婆婆，可以不必那么悲情地看待人生，认为自己年轻牺牲再婚的机会，辛苦把小孩养这么大，最后孩子竟然听媳妇的话，从自己身边跑掉。其实，婆婆只要愿意，就可以转化现在的处境，修补与儿子、媳妇的关系，做个开心婆婆，你可以：

- **不做夫妻的第三者**：婚姻生活中，夫妻难免会出现意见不合的情况，此时做婆婆的不宜加入他们的纠纷。只要没有第三者的干预，短暂争吵通常很容易排解。
- **尊重媳妇的生活方式**：别干涉媳妇的衣着打扮、社交活动，只要媳妇的生活作息正常，不影响家庭关系的维持，婆婆不应过于干涉媳妇的私生活。
- **将心比心**：有的婆婆一听到媳妇要回娘家，就会摆出一张扑克脸。这样不太好，应该要将心比心，设想到自家的媳妇也是人家的女儿、亲家父母的心头肉，这时如能买些礼品托媳妇带回去，向其父母问个好，不仅可使婆媳关系更融洽，而且亲家之间也能更和睦相处。

- **不袒护孙子孙女：**对下一代的教养，婆媳常存在很大分歧。两代人的文化程度、修养和教育方式有差异，很容易在孙子孙女的教育问题上发生冲突，往往是媳妇要管，婆婆要护。其实，天下父母心，大家都是为了孩子好，所以婆媳双方应该做充分的沟通，彼此态度一致，虽然可能会有一些退让或体谅，如老人家宠爱孙子乃人之常情，若太过分，媳妇就应该出面沟通制止。

更重要的是，婆婆要照顾好自己的心情与健康！虽然这个“人”是你的儿子，但一味依赖独子，重心在他身上、没有自己，岂不是一切看“人”脸色。你愈拉住他，长大的他只会想跑得愈远。你自己的生活娱乐在哪里？你自己的朋友与社交活动呢？你已经很棒又很辛苦地拉扯儿子长大，现在要享福啊！自己身上要有钱，健康是自己的，学一些新东西，例如网络或小区大学都好，不要一直在乎外界的眼光与看法，只想做个三从四德的女人，背着贞节牌坊在自己身上。要了解，是你自己让传统的、固执的社会文化制约住你。你不想改变，要顺从这社会陈规陋习，那别人也帮不了你。

真心告诉这些孤儿的寡母：晚8点档连续剧般的苦情形象、旧有社会制约早已过去，过度执着就是痛苦。这些是华人旧思考，在乎外在眼光，又重面子而不想自己处境的问题啊！靠山山倒，靠人人老，靠自己最好。能学学好，能做做到，能自助最妙！

放下心中那面贞节牌坊，往外面的世界大步走去吧！

要嫁进孤儿寡母的家吗?

做媳妇的要先了解婆婆对儿子复杂矛盾的情绪。以这对母子为例，丧夫后，妈妈的生活重心全放在独子身上。儿子长大后，她知道儿子会结婚，但会不自觉地和媳妇竞争儿子的关注。因此，在两段婚姻的空窗期，母子相处特别融洽。尤其她生病，更容易依赖小孩。你要不要当孤儿寡母家的媳妇，可以从观察下列几件事情做考虑:

• **观察母子互动**：如果先生永远是“妈妈的儿子”，没有自己的意见原则，碰到婆媳相处事件只想逃避，没有负责任的态度与准备，请一定先和他沟通，甚至演练之后可能会发生的种种困难与问题。两人相爱与互相尊重，才能一起面对这个不容易的人生习题。若他连这都避谈，或丢给你，或认为这是小事干吗担心，持续沟通也无效，建议你要慎重考虑这桩婚姻。

现代女性多受西方思潮与个人主义影响，但不幸的是，目前台湾的婚姻还在转型期，结婚是两个家庭的事。即使我们受过再高的教育，接触再多前卫激进的女性主义思潮，多数人仍无法完全脱离传统思维。接受它，才能面对它。如果无法接受，就对自己负责，无法适应传统婚姻的情况，不是你的问题，不必为此抑郁寡欢，让我们共同打造一个对女性更适合，也更有弹性的婚姻制度!

• **婚后可不可以搬出去住**：钱够不够用呢？婆婆一个人住的健康照顾问题呢？先生的规划安排呢？若是真的很难做到搬出去，你能接受吗？请你自己先想好这些一定会发生的问题。先生与未来婆婆是否都想过这些问题呢？婆婆养儿防老的观念若非常执着、无法改变，你能不能接受这样的生活？不过，我也有个个案，儿媳和婆婆相处好得不得了，甚至比妈妈还亲，婚前常去婆家走动，了解婆婆的生活和对媳妇的期待，彼此愿意花时间诚意调整磨合，视对方为生活的好帮手。

· **做有效的沟通**：大家通常有问题却避开不谈，“表面”相处融洽，私下暗潮汹涌，每个人心中不满一大堆。如果再进一步交往，你最好和另一半，更好是和婆婆三个人，为了以后长期生活和谐而谈，婆婆也不要抱着被抛弃或是儿媳竟敢跟我谈这些“忤逆不孝”的事情的抱怨与想法，这样“三人行”才有继续的可能。否则愈沟通，就愈多事端。态度很重要，心平气和就事论事地面对，婆婆也要大气些，才能改变一般对孤儿寡母、两个女人抢一个男人的刻板印象。

寄往天堂的情书

日本电影《情书》里描述，女主角写信给死去的未婚夫，原本应该是一封寄往天堂的信，却意外地收到回信，曲折剧情就此展开。

在门诊里，我也曾遇到与女主角有类似遭遇的个案。

她刻意遗忘大学时代男友的死亡，十年后，她身体出现焦虑、失眠和忧郁情绪，经过几个月会谈，发现她潜意识对前男友的死一直放不下。我建议她，写信给在天国的男友，尽管这封信永远寄不到，却能帮助她恢复心灵的自由。

她刚过三十岁，会来看我是因为担心自己得忧郁症。她长期觉得生活没劲儿，每天都不想起床去上班，尤其在四五月和十月、十一月间，她情绪特别低落、睡不着觉，缺乏动力做任何事，只想窝在家里的床上，时间长达好几个星期。她上网查过资料，怀疑自己是季节性情绪失调中的一型，也称冬季忧郁症，指每年秋冬规律发作的重度忧郁症。

她在大型律师事务所工作，收入稳定、生活平顺，但不快乐。她不爱参加朋友、同事的聚会，推说要赶回家帮忙照顾中风的老爸。她话少，说话慢条斯理，情绪平平，让人有距离感。去年十月底，她心情荡到谷底，几次门诊下来，我判断，她还不到忧郁症的程度，情绪低落的原因应和季节变化无关，倒像是因为心理压力事件引起的。我先开抗焦虑药缓解她的不舒服，等状况好转，我试探性地问她："现在有没有男友？上一段恋情如何结束？"

她不假思索地脱口而出："这很重要吗？"

我用专注的眼神望着她，期待她多讲一点。

她迟疑了一下，有点不耐烦地说："我的初恋也是我唯一的恋情，发生在大学。那男生熬夜看书睡过头，隔天是期中考，我还打电话叫他起床，怕他迟到。他骑车来学校的途中，因为车速过快，撞上大卡车，送急诊也救不回来。唉，十年前的事，还提它干吗！"

她眼神闪烁，逃避我的视线，摆明不想再谈下去，暗示"这话题到此为止"。我直觉这事情没那么简单。尽管药物有助提振情绪，但我总觉得她心里有很多东西，要让她面对心结、放下武装，再一步一步小心处理，应该可以减少或早点停止服药。但是，每当我想引导她谈亲密关系或感情，她习惯用工作压力大、照顾中风老爸转移话题。我问："渴望再谈恋爱吗？要不要谈谈前男友？会想再认识新对象吗？"

她回答："一个人过也不错啊。男友、恋爱不过就那么一回事。人生充满意外，很多事也不是我们想怎样就能怎样。我个性比较闷，不爱热闹，不太容易交朋友。一切随缘啦！"

接着，她话锋一转说："我最近公司事情好多，常被老板留下来加班，觉得压力好大。我们新接的一个案子……"她抱怨暴增的工作量、烂主管和一心想踩着别人往上爬的同事。要不然，她就抬出中风老爸，以及妈妈和外籍看护如何处不来，夹杂手足间为了分家产，吵闹不休。

心停留在过去

由于她极度抗拒谈论前男友，反而让我猜测，她的心结可能是她还没有走出前男友死亡的阴影。几个月下来，她来看诊始终在兜圈子，不肯谈这件事，我也只能大胆假设，苦于无法求证。有一天，我突然发现一个关键的细节，找到通往她心里的路。

除了医院的职务，我也在长庚大学教书。有一天我翻看学校行事历，目光恰巧落在被红字标注的期中考周，刚好在十月底、十一月初，不知怎的，我马上想到她前男友是在期中考那天出车祸走的。一个念头突然闪过："她情绪坏的时间落在期中考周附近，难不成是因为前男友？"按照这逻辑，四五月的忧郁情绪，则可能是因为清明节，一个与死亡有关的节日。

下次门诊，我先询问她家庭、工作近况，接着问："你还记得前男友出车祸的日子吗？"

她不假思索，马上答说："记得，十月底最后一个星期四。"

"有没有想过，这个日子可能会引起你情绪低潮？"我向她解释这两者在时间上的关联性，她拼命摇头否认，直说："那件事早就过去了。参加完丧礼，我非但没再去他灵前上香，也和他家人失去联络。他怎么可能影响到我现在的生活？”

往后，她态度比以前更抗拒，极力回避谈论前男友，甚至临时取消好几次预约门诊。愈是巨大的伤痛，愈需要时间等待，而我能做的就是等待和陪伴。又过了几个月，某一天，她忽然说：“我可以开始说我的故事。”

“我们是班对，也是彼此的初恋，大二才在一起。他活泼、爱玩、喜欢搞笑，在一群人里，他马上就被人看到。我跟他是完全不同类型的人，当初他追我，我很意外。他对我很好，陪我到图书馆念书，载我四处去玩、吃好吃的。可是，我们在一起还不到一年，他就出车祸走了。”她说到这儿，早已泪流满面。

她拿卫生纸擦擦眼泪，愈说愈急：“他出事前的一个钟头，我们还通过电话，我提醒他快起床，以免赶不上期中考。他没来考试，同学们都跑来问我：他跑去哪儿？怎么没来考试？后来，有人通知我他出车祸，我跟同学们一起赶去医院急诊，我远远地看着，白布遮住他的脸，他爸妈哭倒在他床边，我根本不敢走近，因为我跟他家人不熟，也不知道该说什么。我好后悔，我打电话催他来学校，最后跟他说的话竟然是：赶快来学校考试。我甚至不敢走近他。”她整个人激动到发抖、大哭。

迟来的告别

我让她尽情哭，宣泄对前男友死亡的后悔、自责。“先谢谢你自己，勇敢地把它说出来，诚实面对自己，是解决情绪困扰的第一步。你的心一直停留在过去，不肯打开自己，也不让新的人进来。他的死让你活在恐惧里，不敢再付出，也不敢再去爱人。但你唯有面对恐惧，看清死亡的阴影，才能迎向新生。”我说。

我建议她，写封信给在天国的男友，把来不及对他说的话，全写下来。几个星期后，她写了长信，厚厚一大叠纸。她鲜少表露的喜怒哀乐，都在文字里看见了。她对前男友有愤怒，气他骑车太不小心；也有对他的感谢，细数许多甜蜜回忆。她埋怨老天，既然让她沉醉在恋爱的幸福里，为什么要把它收回去，让她承受失去的痛苦？还有这十年来，她发生的大小事，以及同学们结婚、工作近况。

当她解开这心结，摆脱过去的情绪包袱，没几个月的时间，她像变了一个人似的，人家开口来约就出去，逐渐散发出和谐、舒服和自在的感觉。我接着减少她的药量，到最后完全停药。

“过去，我对生活的态度是，不求有好事发生，只求别让我难过、伤心。幸福快乐又如何？拥有还是会失去。我根本不想认识人，反正都会分开，谁又能陪谁到最后？但是，当我敞开心房，多出去认识人，我体会到快乐的真谛，与其花时间担心失去，不如享受彼此陪伴的当下。快乐来自想办法给予，而不是获得。”她跟我说。

如何走出年轻恋人早逝的阴影？

电影《情书》最催人热泪的片段是，女主角在雪地里奔跑，对着未婚夫发生山难的山头大喊：“你好吗？我很好！”空谷回音，不绝于耳，女主角崩溃大哭，释放过去三年对死去男友的思念和哀伤，彻底告别往日情，接受新男友的求婚。

时间是最佳的良药，通过仪式告别过去，可以帮助你早点走出悲伤，转化对死亡的恐惧，重拾对生命的热情，愿意再去爱、去付出，去承受爱的苦涩和甜蜜。

如同故事女主角在二十岁经历男友死亡，就像在人生青春灿烂时，突然遭逢六月雪。当时的她太年轻，还没办法处理死亡，所以身体启动自我防御机制，刻意否认和遗忘它。十年后，她身体出现不适症状，其实是提醒她伤痛还没有过去。

建议有类似状况的个体，通过写信、会谈或宗教仪式，不仅告别过去，也重新建立和死去亲友的联系。过程中，可以回忆过去相处的时光，并回顾亲友离开后自己的生命历程，宣泄压抑已久的情绪，但需由专业人士引导，在放心、安全的治疗环境，小心处理。

快乐再婚的学问

有人对婚姻恐惧，因为结婚是两家人而非两个人的事。她和他的组合是寡妇和鳏夫，结婚关系四家人，包括带着各自小孩组成的新家庭、娘家和新、旧婆家，以及倍数膨胀的亲戚朋友。再加上担心后母难为，她考虑是否要继续爱下去，烦恼到睡不着，跑来求诊。

她很早就被生活带着走，十九岁奉子成婚，先生跟她同年，双方家长很快帮他们办婚事、成家，紧接着高职毕业，男生去外岛当兵，她在夫家待产，之后留在家里带小孩。男生当完兵回来，跟朋友合开修车厂，做黑手师傅。在她二十二岁时，先生因车祸意外过世，当时女儿才三岁多。

办完丧事，她马上去找工作，搬出夫家，决定独自扶养女儿长大。她知道自己一辈子还很长，公婆、爸妈能帮她一时，但帮不了一辈子。后来，她去电子公司应聘作业员，找间小套房，安顿自己和女儿。她的租屋处离婆家、娘家都不远，在她需要加班或外出时，两家人会轮流帮忙带女儿，减轻她的负担。

她生活绕着女儿转，每天上班前送她上学，下班赶着接她放学，回家做饭、洗衣、打扫，几乎没有什么时间留给自己。她不太联络过去的同学、朋友，觉得和同龄的人没有共同话题，同样是二十几岁，别人还在摸索要做什么工作、约会、交男朋友，而她关心的是购屋房贷和帮女儿选安亲班。尽管一直有男同事示好，她都拿“我要回家陪小孩”当借口，推拒邀约。

为什么一定要走进家庭

三年前，公司来个新厂务，那男生大他六岁，太太因癌症刚过世，跟她一样也有个念小学的女儿。整条生产线的阿姨、大姐们夸赞这男的脾气好，有房有车，比起之前那些追她的年轻小伙子稳重牢靠：“想想看，你女儿长大也会嫁人，不可能陪你一辈子，要为自己的后半辈子打算。而且，小孩子还是要有个完整的家，你们两个试着走走看嘛。”

她讨厌被旁人拱成一对，心想：难道寡妇一定要配鳏夫？重点是，男方从来没有表示过什么。每次有他在，旁人马上露出暧昧微笑，她故意装傻，却气在心里，刻意回避他的眼神。几个月后，公司办年终尾牙，她吃了几道菜就急着离开去接小孩。刚好那男生家里也有事要先走，顺路载她一程，两人才有机会独处。她意外发现，他很健谈，尤其谈到小孩，露出一副有女万事足的模样。

这次温馨接送打开了她心房，加上同为单亲父母，很有话聊，感情迅速升温。他们这段感情一直没有曝光，因为她不想要复杂人际关系，面对彼此小孩、新旧婆婆，光用想的，她就觉得累。过去三年，她要求分手好几次，但因为舍不得对方，最后又复合。那男生受不了家里一直催婚，也不想再偷偷摸摸，要求她赶快做个决定。他说："要么，公开关系，往结婚的路上走。如果不想在一起，我会放手，祝你幸福。"

她问我："医生，为什么不能两个人单纯谈恋爱就好？为什么我们最后一定要走进家庭，面对小孩和长辈？再婚牵涉好几家的人。我甚至不敢确定，我们之间是爱，还是因为我们都丧偶、带小孩，所以比较适合在一起。"

我说："最终是要回归自身，答案在你心里，重点是'你准备好面对自己吗'？"

为了找出她到底要什么，我们另外安排会谈。她非常认真，针对会谈内容录音、做笔记，每次给她一些问题回家思考，她总会写来一叠纸。面对自己并不轻松，她常在会谈前一天晚上焦虑到失眠。几个月下来，她发现以前她对人生没有什么想法。然而，结婚生子加上丧偶，现实生活逼着她快快长大。她迟迟不敢承诺对方，因为她知道婚姻是什么，不想再去承担更多的责任。

"谈地下情，我也不舒服。吃饭聊天不敢超过两小时，怕太晚回去耽误接小孩。连周末假日，我们也不可能到远一点的地方玩。"她说，"我本来不想谈感情，觉得带着孩子难嫁，怕女儿不肯接受新爸爸。而且，我才开始享受单身生活，不必被公婆管。没想到，我会遇见他，跟他在一起，蛮轻松自在，但觉得少了点什么，我没有那种被电到、心怦怦跳，或说是恋爱的感觉。”

“有机会带他一起来会谈，有助厘清你的感觉。”我建议。后来，他真的陪她来会谈。那男生虽不是让人眼睛一亮的型男，但打扮干净整齐，态度诚恳，言语真挚。在他身旁，她眼神变柔，语调放慢，流露小女人的娇态。初次见面，我和他简单彼此介绍，聊他们目前对这段感情的想法。

下次会谈，我们又恢复一对一会谈。“你们的互动自然，让人感觉舒服。你整个人好放松，连眼睛也在笑。”我说，“我看到爱的火花。你觉得呢？”

“我在他面前，可以撒娇、做小女人，不要再当妈妈。我有被宠爱的感觉，但我对这份爱没有信心。”她有点迟疑地说，“如果不必考虑旁人，我当然想和他在一起。我和他再婚没那么简单，要考虑我们的小孩和长辈的感受。”

“你要不要对爱有多一点的信心？他愿意陪你来会谈，代表他有诚意解决问题。至于你说的现实和责任，我相信，他也会陪你一起面对和承担，应该不会让你失望。”我说。

困难是自己想出来的

后来，她消失一阵子。再见面时，她说：“我最后决定试试看，去承担爱的责任。实际去做，发现没有那么难。”其实，她婆家、娘家的人比她早想到再婚这件事，但没有人敢跟她谈。她最先有点忸怩地问婆婆，想出去认识人。没想到，婆婆大方地说：“我儿子和你缘浅，结婚才没几年就走了。你一个人带小孩，我知道你的苦。撇开我们是婆媳不谈，站在同为女人的立场，你还不到三十岁，若有不错的对象，交往看看，小孩随时可以回来。”

娘家妈妈和姐妹也支持她再婚，前提是找到一个愿意对她和孩子好的男人，身边的人也都鼓励她积极行动。她安排那男人跟女儿见面，发现两人相处融洽。接着，男方带她回家见爸妈和小孩。

刚开始，男方妈妈并不满意，认为跟之前帮儿子安排的相亲对象比起来，她长得太漂亮，还带个拖油瓶。那男生向家里表明，他们是认真交往，但也跟她坦承，他是长子，他女儿这几年是阿嬷带的，祖孙感情很好，不可能搬出去住。她后来常去他家走动，陪未来的婆婆买菜、下厨，带他女儿逛街，身段柔软但也不过度讨好。

三个月后，他们一起在门诊出现，带了一盒订婚喜饼给我，“医生，你是第一个知道我们交往的人。我们下个月要结婚了。”她说。

快乐再婚的秘诀

故事里的个案当事人年轻丧偶，因为有工作、小孩和经济压力，使她迅速转移重心，建立新的生活秩序。但是，面对第二段感情，她却茫然失措。她一直担心，双方鳏寡的身份和旁人的眼光会使恋情夭折。恐惧使她焦虑，使她不敢行动。但是，通过会谈，她看清楚双方累积的感情，它就在那儿，但当时她的心被恐惧占据，所以看不见。当她开始行动，她发现担心是多余的。如果一段关系是健康快乐的，那么爱是有能量的，会使人有能力去解决自己的、对方的、两人共有的问题。

对于许多失婚妇女，在进入下一段认真的关系之前，如何消除不必要的担心?

·别太在意别人的眼光：嘴巴长在别人身上，怎么做都会有人讲，只要想清楚自己要什么，不怕别人怎么说。回过头来，也可以检视自己害怕别人讲什么。如果担心被贴上鳏夫寡妇标签，是不是自己内心也不够坦然接受这个身份?

·做，就对了：如果一直担心这、担心那的，焦虑就会占据你全部的思绪，丧失行动力，永远在原地踏步。相反，当你开始专注如何解决问题、去面对它，你会发现自己是有力量的。做些事比什么都不做要好，即使是一点小事都好。

一个人以后

当先生缠绵病榻，太太通常放下手边所有工作，专心照顾病夫。等先生走完人生最后一程，这些太太并非全都能找回之前的生活，或者开创“活跃又丰富”的新生活。事实上，许多人顿失生活重心，活动范围只在住家附近，也不太和邻居亲友互动，再加上子女离巢，等于进入社交冬眠期。孤立会使人脆弱，疾病悄悄上身。

她先生是患肝癌走的，离开时还不到五十岁。他们结婚二十五年，婚后她是全职主妇，他外出打拼赚钱。她从来没想过，先生会倒下来。短短两年时间，他身材从魁梧瘦到像竹竿一样，体力严重衰退，整天疲惫昏睡。他肚子因腹水日渐鼓胀，吞咽困难，改用鼻胃管灌食。难熬的是最后几个月，癌细胞扩散转移到骨头，他天天喊疼，她陪着掉眼泪。

她常说，照顾他是小事，但不知如何面对心灵冲击。我试着跟她谈，说不上几句话，她急着催我开药说：“我要赶回去照顾我先生，可不可以快点？”后来雇请看护分担照顾工作，但她不放心，夜里还是不敢睡，需靠药物排解焦虑和帮助睡眠。

趁着先生做治疗的空当，她来我门诊拿药，断断续续看了快两年。有一阵子没见到她，等她再出现，是被其他科转诊过来的。一个多月前，她因为心悸、手脚发麻、过度换气等症状被送去急诊。当时她血压飙升到两百多，安排她做心脏血管检查，但所有数据报告都显示正常，心脏科医师认为她没有高血压或其他心血管疾病。后来发现，她月经不规则又紊乱，把她转去妇产科检查，当时她四十八岁，接近更年期，最后再转到我的妇女身心科门诊，做进一步评估。

翻看她病历，发现她这一个多月在各科间转来转去做检查。我问她，最近生活如何？她说，先生已经走了快半年，小孩到外地读大学，她一个人住。忙完先生的后事，她没有放松的感觉，反而愈来愈紧张。先生留下来的钱，足够她和孩子后半辈子生活无虞，但她无时无刻不在担心。一出家门，就担心家里瓦斯气爆、电线走火，急着想回家。如果她一个人在家，又有许多负面念头冒出来，担心自己得癌症、暴毙、孤老以终等。

这些负面想法出现愈来愈频繁，盘旋在她脑海挥之不去，吓得她不敢出门，怕人多的公交车、地铁，连叫出租车也怕。“我不知道为什么会怕成这样，跑急诊和这几次门诊，都要麻烦邻居太太开车接送，”她沮丧地说，“成天担惊受怕，哪儿也去不了，快让我活不下去。医生，我到底怎么了？”

“先别急着叫自己不要怕。这些是更年期血管收缩症状，有时感觉像恐慌症发作，可能与女性激素及一种神经传导物质（血清素）的减少和起伏有关。”我安慰她，刚开始吃药可以帮助减轻症状，但要恢复原来的生活，需要一些时间。她吃了半年多的药，病情好转，决心走出去，“我受够这个病，受够这无止境的恐惧。我不要再被它绑住”。

从行动恢复心灵自由

她从短距离开始，起先要人陪，后来可以一个人出门。她先试着去巷口便利商店买东西，再慢慢走到离家比较远的小区公园。在她家附近的小公园，每天有许多人早起运动，跳土风舞、打太极拳和练香功、甩手功。她选择打太极，练习放松身体，放空脑袋，专注在每次吸气和吐气里。

三个月下来，她发现走出去没那么可怕，也认识许多新朋友。在公园一起运动的阿伯、大婶会跟她打招呼、点头微笑，聊几句，后来主动问她要不要一起跟团去朝山？丧夫后，她被恐慌症搞得生活大乱，窝在家里大半年，看病要找朋友、邻居接送。出远门游玩，对她来说是奢望。

她回家思考许久，决心突破自己，答应跟着一起去。她不愿意后半辈子被恐慌症困住，抱着“我要跟你拼了”的决心，带着药去坐游览车。这次经验很成功，她玩得尽兴，增长自信，之后一个人敢搭公交车来医院看病。

后来，她看见“不老骑士”的报道和电视广告，启发她学开车、环岛旅行出去走走的想法。她说：“他们七八十岁都还在路上‘趴趴走’，我才五十而已，有什么理由走不出去？我一定可以打败恐慌症，我一定可以上路。”

她报名参加驾训班，别人上完一个月的课，驾照就可以到手，但她磨了三个月，笔试考了两次，路考考了五次才过。每次遇到倒车入库，她就慌了手脚，教练对她吼：“你是要来砸我招牌的吗？我是一次保证班，简单的几个动作，大姐，我到底要讲多少遍，你才记得住？”

后来，她挥舞手中拿到的驾照，把学车的糗事当笑话讲。“现在开高速公路、山路都难不倒我。以前是我先生开车，现在孩子也会载我，但我会开车后，才知道握着方向盘的感觉真好，不必麻烦别人，可以自己做主，爱去哪儿就去哪儿。”她说，“如果不是我先生走了，我这辈子都不会去学开车。”

她后来花了两个星期，一个人去环岛旅行。当汽车旅馆发现她登记一个人，柜台小姐多半会问：“待会儿还有人要来吗？”她回答：“没有，就我一个。”这对话常让她不舒服，她愤愤不平地说：“一个人不行吗？我一定要等谁吗？我又不是出来卖的！”最气的是，有家旅馆回她“客满没位子”，但她人都还没离开柜台，就看见一对情侣来问，柜台人员马上拿出房间钥匙给他们。

从跨不出家门，到能够开车环岛旅行，她花两年的时间克服恐慌症。当她软弱害怕时，就不断告诉自己，我人生还有二三十年，我要靠自己走出去，哪怕今天只比昨天多走一步都好。“恐慌症不会死人，但自己吓自己才会吓死人。”她说。面对自身的局限及恐惧，她的成功之道在于持续挑战自我，肯定并喜欢挑战新事物，相信自己有能力解决问题，其他的就交给时间，等待自己走出来。

找回你的行动力

故事女主角进入更年期，经历丧偶、恐慌症发作。恐惧瘫痪了她的行动力，让她哪儿也去不了。当她下定决心，采取明确的行动，就不会为面临的情况感到忧虑。想要克服突如其来的惊慌，找回行动力，你可以：

- **对恐惧减敏**：第一次挑战新事物，恐惧、害怕是很正常的，等第二次做同样的事情，就没那么害怕。找出令你恐惧害怕的事情，试着慢慢习惯它。可以先在脑中预演模拟，自己可以如何处理它，然后再逐步在现实生活中演练，学会应付它。

- **正面激励**：告诉自己“我可以应付这件事”，坚持用正面心念面对它，焦虑会开始消退，觉得自己松了一口气。《健康心方法》一书里强调，不管是想象或真实情境面对它，重要的是不要逃避它。如果当下觉得压力太大，可以短暂想象一个宁静、平和的情境，或暂时退出那个情境。但是等你不再焦虑，务必再回到这个具有挑战的情境里。

更年期是过渡期，它会过去的。用健康的生活形态与正向的心态面对它，之后就是人生第二个春天，要有信心！

什么是更年期血管收缩症状?

更年期血管收缩症状（Vasomotor Syndrome of Menopause）是因更年期女性激素减少，而出现心悸、血压升高、情绪不稳和类似恐慌症发作等症状。发作时，感觉像中风、心脏病发作，或是极度感觉恐慌害怕、全身失去知觉，身体不能动弹。有时跑到急诊，检查没有大问题，多半会开心脏或血压相关药物，短暂好转，但症状不定期会再出现。

它受很多因素影响，包括本身对激素起伏变化敏感、季节气温不稳定或经期紊乱。有的女性会在求医过程中备感挫折，四处求医却迟迟找不到原因。一般说来，过了更年期症状就会慢慢消失。

更年期是指月经周期逐渐拉长到停经的过渡期，一般三五年，也有人长达七年，因人而异。了解更年期的症状并不是心脏病发作或快窒息，重复对自己说："好，又来了。我以前面对过了，这些感觉会过去。我可以应付。"当你试着放手，让它们发生，明白它们不会对身体造成伤害，愈不去抗拒，不舒服的感觉消失得愈快。

这类症状常被误诊为精神官能症、自律神经失调，建议找有经验的医生诊治，可以挂妇产科、精神科或心脏内科。

短期使用低剂量激素疗法，有助改善更年期症状。无法使用激素者，低量血清素（SSRI）或正肾上腺素/血清素回收抑制剂（SNRI）也可以帮忙。这类制剂一般是作为抗忧郁剂，但对更年期热潮红、情绪身心症状、心血管症状（或称血管收缩症状），也有间接但有效的帮忙！

何时爱都不晚

“医生，我最近有点烦。跟我一起上日文的男同学好像对我有意思，这几次下课主动说要送我回家。”她说。

“有人追是好事，若你觉得他不错，可以先认识认识啊！”我说。“我都是自己骑机车去，何必要别人送。我先生走还不到一年，这么快跟别人勾搭，要是传出去，左邻右舍会怎么看我，我阿母也不会答应。我绝对不可能再嫁给别人的。”她说。

我接着说：“如果你觉得不合适，当面跟那位先生讲清楚就好啦。”“可是我如果把话说绝，怕以后上课见面尴尬，哎哟，说不定人家也没有那意思。”她说。

最近几次门诊老谈到这位男同学，她向来是个强悍女人，怎么突然变得犹豫不决起来？为一个新朋友苦恼许久、反复思量，太不像她的作风，这比较像是她心动却不敢有所响应。我更好奇的是，她这么有主见、决断力，到底在哪个点卡住。

日子是自己的，好坏只有自己知道

她看我门诊有两年多，生活让她变得坚强。她一直跟着先生在传统市场摆摊卖菜，大半夜两人轮流开卡车，去外地果菜市场批货，天微亮时赶回摊位叫卖。

两年前，五十多岁的先生突然中风、瘫痪在床，她独自照顾不到三个月，体力透支，送先生去赡养中心，却引来闲言闲语。

她最早来看我门诊，是她先生刚病倒，她自己也累出病的时候。她从早忙到晚，大清早批货卖菜，中午收摊回家帮先生把屎把尿，但夜里又睡不好，因有热潮红、盗汗的更年期症状。

她经常陪先生去医院做复健，某天在等复康巴士的空当，顺便在服务台量血压、体重，发现自己的血压超过两百，体重还掉了十几公斤。她惊觉自己的健康拉警报，才替自己挂号看病，被转来我门诊看更年期和失眠。

她每次看诊都很急，赶着回家照顾先生。她几个小孩在外地工作、成家，抽不出时间回家帮忙。小孩劝过她，叫她别再摆摊，专心在家照顾老爸，钱他们出就可以。她却觉得自己不适合照顾病人，怕再顾下去会一身都是病，决定把先生送到赡养中心，后来转去医院附设的护理之家。

她说："我先生再拖也就这一两年，但我以后还有二三十年要活。我不要为了照顾他，把健康也赔进去。我要多存点老本、保养身体，以后才不会拖累小孩。我先生生病，小孩出钱照顾是应该的。但我人还好好的，为什么不自己出去赚？而且，花钱请专业人员照顾，难道人家会比我这个中学毕业、书读不多的阿姨还不会照顾吗？”

她愈讲愈激动：“整个菜市场的人背后都说我无情、不顾念夫妻情，先生中风丢出去给别人照顾。”她说，“就连我下午去山上走走、做运动，人家还当我的面说：有时间出来外面散走，没时间照顾丈夫。连我八十几岁的老母也讲我心肠真狠，放我先生一人在外面。”

对于外界眼光，她洒脱地说：“日子是我在过的，好坏只有我自己知道。嘴巴长在别人身上，他们爱怎么讲就怎么讲，随他们去讲，我管不着也懒得管。”

她先生后来走的时候，她没有在悲伤的情绪里打转太久。她为这天准备了两年，该流的眼泪早就流尽。

很快地，她展开新生活，之前下午去探望先生的时间，现在她转而安排学日文、学计算机。

婚姻脚本由谁写

过去，她不畏亲友的眼光，拒绝当照顾者，坚持将中风瘫痪的先生送去赡养中心，但现在面对新的追求者，却迟疑、不知所措。为了厘清她内心的想法，我安排她做咨询会谈，发现童年经验影响她的婚姻脚本。

她父亲早逝，靠她妈妈一手带大，在她生活的那条街，没有人死了丈夫再改嫁。她从母亲身上学到，女人一定要有工作和谋生能力。而且即使是自己儿子也不可靠，靠自己最好，因为婆媳相处不睦，她妈妈在弟弟家处处受限，讲话也不敢大声，独居在过去破旧的老房子。

她妈妈年轻时白天赚钱养家，晚上还要照顾一家老小。阿公不事生产，只会喝酒闹事，阿嬷晚年失智，心智急速退化，到后来生活无法自理。妈妈为了清洗阿嬷的秽物和衣物，经常洗到三更半夜。她体恤妈妈的辛劳，念完中学就去工厂当女工赚钱。当她先生中风卧床，不考虑申请外劳，其实是她打从心底里害怕看见家里躺个病人，疾病、失能勾起她童年不愉快的经验。

出现新的追求者让她不由自主地焦虑，可能是她的字典里没有“再婚”。但她这想法从何而来？她有没有认真思考过，为什么不可以结交新对象？或者拒绝再婚的理由是什么？

我建议她想清楚，坚拒再婚或排斥有人追求，是不是跟妈妈有关？妈妈当年如果再婚，她会是怎么样的人？要是你再婚或有新伴侣，生活又会是怎么样？

她沉思了一会儿说：“当时若妈妈找到好人家再嫁，不必把阿公、阿嬷背在她身上，日子应该好过多了。她现在可能也有老伴在身边，但人家未必接受我和弟弟，是好是坏，谁知道呢。”

两个月后，有人陪她一起来看门诊。我猜这就是她的追求者，年纪比她稍长，身材瘦高，看起来斯文、彬彬有礼。我照例问她，睡得好不好？一切还好吗？

她一律回答：“很好，我现在很好。”她笑得灿烂，眼睛眯成一条线，双眼亮亮的，恋爱的光彩藏不住。那男人比她先走出诊间，她在门口跟我道别时，特别跟我使个眼色说“就是他”。

我点头微笑，把她抗焦虑、失眠药的剂量降到最低，改成“需要时使用”。回顾童年往事，放下社会文化的期待，审视自己的需求，她决定写个和妈妈不一样的婚姻脚本。

了解自己的婚姻脚本

《一念之转》作者拜伦·凯蒂说过，问题永远来自我们未经审视的想法。而这些想法我们早已深信多年，有的甚至成为个人的婚姻脚本，影响对亲密关系的感受和经验。

大多数情况下，我们很少质疑它们。像故事女主角以前那样，抱持“我不应该把先生丢给外面的机构照顾”“我绝对不可能再婚”的想法，但是当她仔细检查这些想法时，她发现伴随那些念头而来的焦虑，其实并不合理，甚至毫无必要，进而看清楚什么才是她真正想要的。

共依存的女儿

我们常听到，要父母对子女放手，但我在门诊经常劝子女，试着对爸妈放手。健康地照顾别人是履行我们的责任，但管太多或涉入对方生活太深，却是不健康的共依存关系。

有位共依存严重的女士无法接受退休父亲情窦又开，坚决反对老爸再娶年龄相仿的阿姨。老爸为爱走天涯，私奔到大陆，她不惜辞掉工作，两度飞往大陆，甚至取消排定的植皮手术。当她得知老爸和对方在大陆注册结婚时，激动地哭着说："我烧伤这四年多来，没这么气过。"

她是爸爸从小捧在手掌心的公主，她想要什么东西，爸爸一定满足她，竭尽所能地呵护关爱。念中学时，妈妈因车祸意外走了，她跟爸爸相依为命。即使结婚、生子，她也经常往娘家跑，带老爸下馆子、逛街。

“我甚至有想过叫爸爸搬过来同住，”她说，“照顾爸爸是我的责任。”爸爸执意不肯，她只好要求先生把房子买在娘家附近，方便她就近照料。

五年前，上班的工厂发生气爆，造成她严重烧烫伤，伤口遍布脸颊、四肢以及腰部。烫伤后那年，她经历植皮手术十几次，穿着闷热的压力衣，上厕所腿不能弯曲，每天忍痛踩脚踏板复健。她经常噩梦连连，饱受忧郁症和负面情绪困扰，因此被转来我门诊。经过几年的复健、植皮，她疤痕变淡，外观和行动能力慢慢恢复，也重回职场工作。全家人陪在她身边，先生协助她洗澡、打理生活，老爸负责接送、照看小孩。

“我爸爸不见了！我爸爸不见了！”她去年初第一次急着加号挂进来，崩溃地大哭，为的是七十多岁的老父离家出走。虽然看我门诊好几年，但她很少谈家里的事。那天，她拼命哭，我勉强从她哭声中听出来，是她爸爸跟着邻家大陆媳妇的妈妈跑了。

私奔的黄昏之恋

“我担心爸爸，”她说，“我怕他年纪大，糊里糊涂被人家骗。”她家巷口杂货铺老板的小儿子曾被公司派去上海工作，结识大陆姑娘并结婚。等到男方调回台湾，经过一番波折，邻居家才把大陆妻子接来台湾。这位妻子平常帮忙看店，但她跟原来老板的作风大不同。以前的老板觉得大家都是老邻居，零钱干脆不用算。但她个性强势，一个子儿都不能少给，尤其是讲话咄咄逼人的态度，邻居在背后说她能把夫家的人吃死。

几个月前，这位大陆妻子安排她五十多岁的妈妈来台依亲两个月。那位妈妈守寡多年，心疼唯一的宝贝女儿从上海远嫁来台湾，非要飞一趟过来，看看她的生活状况。尽管年纪相差二十多岁，她的父亲和那位妈妈却看对眼儿、来电了。

她回想，父亲讲过："我觉得那对大陆母女待人挺好、挺客气的，不像大家讲的那样子嘛！"她当时听出话中有话，马上回嘴："你跟她们很熟吗？你对人家认识有多深？"父亲接着说："她妈妈跟我是老同乡，带她到台北几个景点逛逛是应该的，她女儿要帮忙看店走不开。"

她急着问："就你跟人家妈妈单独出去啊？"爸爸一派轻松自在地回答："是啊。"

她认为这对母女心机重，故意制造机会接近老爸，但她没把这些话说出口，先把口气放软说："人家专程来看女儿的，别占据她们母女相处的宝贵时间。要出去玩，人家家里自有安排，哪轮得到你出面。别瞎搅和，少管人家闲事！"

爸爸没听她的话，继续跟那位妈妈高调地在小区同进同出，邻居们纷纷跑来问："你老爸跟那女人是什么关系？"她不知如何回答，冲去跟父亲摊牌，强硬地说："不准再跟对方碰面。你有没有想过，人家接近你，图的是什么？"爸爸不甘示弱地回呛："我知道自己在干什么。我还没有老年痴呆，轮不到你管我跟谁交朋友。"父女大吵一架，不欢而散。

几天后，她爸爸闹失踪，带走换洗衣物、随身药品，并提取户头里大部分现金。她直觉不妙，急忙去质问邻居的妻子：“你妈妈哪儿去了？是不是带走我老爸？”对方冷冷地答：“我妈在哪儿，关你什么事。你爸爸是成年人，爱去哪儿是他的自由，你管不着吧！”她当场被问得哑口无言，回到家狂哭不停，临时加挂我的门诊，处理失控的情绪。

她当时太激动，无法多谈，我只能先开些药物帮她平复情绪，并辅以危机处理技巧，另外安排她每隔一两周密集回诊，告知若有紧急情况，随时可到本科急诊或门诊加号挂进来。几天后，她爸爸终于从大陆打电话报平安，却不透露自己到底在哪里，并坦承正在和那位妈妈办结婚手续，父女在电话里又吵起来。“如果不答应他再婚，他要跳楼。”她只记得父亲挂掉电话前说的最后一句话。

她不懂，爸爸认识对方不到三个月，有必要急成这样吗？她担心父亲身体状况，三天两头跑去找邻居的妻子，要她说出爸爸到底在哪里。对方被她兴师问罪的态度激怒，也坚决不说。

在找爸爸的那几天，她情绪混乱到极点，根本无法工作，得知爸爸在大陆，直接把工作辞掉，准备去寻亲。她也频频加挂门诊，一直哭喊着：“我要把爸爸带回来！”

我对她说：“你现在太激动，用强硬攻击的态度，对方就会更加保护与捍卫自己的立场。双方都认为自己最对，根本无法沟通。你父亲心智正常，选择用激烈手段来表达喜欢对方的心意，你可以不赞同，但需要予以尊重。除非你能够先释放情绪，尝试用别人的角度理解这件事，像爸爸是真心喜欢对方，你邻居的妻子想保护她妈妈的爱情。试着从对方的角度看待与理解，温和地表达自己的看法，才能找出双方满意的解决之道。”

学习在爱中抽离

后来，她先生陪她去找邻居的妻子道歉：“很抱歉我之前太心急，口不择言，说了许多难听的话，因为我担心我爸爸。”她说。邻居夫家看她爸爸好几个星期没回来，担心老人家身体，叫妻子赶快说实话。她终于拿到爸爸的地址，在江苏某个二线城市，也是邻居妻子的老家。

她马上取消预定的植皮手术，连夜买好机票，直奔上海，转了好几趟车，才找到爸爸的住处。父女快两个月不见，她一见面就要爸爸马上跟她回台湾。不过，爸爸和那位妈妈在当地才刚注册结婚、公开宴客，表明想留在大陆多游玩几天，多认识对方亲友。对方阿姨慢悠悠地说：“小姐啊，你自己身体尚未完全复原，还有小孩、家庭要顾。你爸爸以前没人照顾，现在我们在一起，我一定会好好照顾他。你甭操心了！”

她评估状况，知道自己能做的都做了，但爸爸还是选择留在新婚妻子身边。她没有像之前一样哭天喊地，平静地拥抱父亲，向他道别后搭机回台，然后在诊间告诉我她当下的感受。

“就这样丢下我爸爸，感觉糟透了。可是我这两个多月的泪水没有白流，我学到我能做什么、不能做什么。如果能做的我都做了，就是放下的时候。”她说。虽然她觉得浪费钱白跑一趟，什么都没办到，但是走这一趟，让她亲眼确认爸爸身体健康、日子过得不错。就算她认为爸爸一时被迷住，但她不像以前那样执着，尊重他选择的生活方式。

我称赞她以弹性思考释放了自己，厘清父亲与自己的界限。我们无法干预他人的决定，但我们总可以选择自己要做什么、不做什么。我问她，有没有想过自己为什么反对父亲再婚？“除了担心他被骗，一直以来就我跟爸爸过日子，就算结婚，他也没有离开过我的生活圈，”她说，“可能是因为从来没有想过会有人要跟我抢爸爸。”

两周后，她再飞去大陆，帮父亲带药、送钱。这次她没期待爸爸会跟着她回来，纯粹想到当地待十天，探看生活环境，因为上次来去匆匆，只停留半天就走了。

神奇的是，这次爸爸愿意带妻子一起回台。返台后，他们住进爸爸的公寓，去户政事务所登记结婚。街坊邻居很感诧异，这对大陆母女先后嫁来这老小区。

几个月后，她回诊再谈起爸爸的事，已经能够平静接受父亲再婚。“爸爸年纪愈来愈大，脚力日渐衰退，出门看病、散步逛街、生活起居最好有人陪着，帮忙照看，”她说，“毕竟我不可能二十四小时跟在他身边。但是，要我叫一句阿姨或说祝福的话，现在还说不出口，目前只求跟她和平相处，别让爸爸为难。我不想再管爸爸，想管也管不了啦。”

子女该如何看待父母的黄昏之恋？

- **试着和对方做朋友：**不要有先入为主的成见和预设立场，采用理性的态度从旁观察对方。以前带男女朋友回家给爸妈看，但现在角色交换，建议轻松看待，勿干涉太多。

· **亲密关系有益身心**：研究显示，深情拥抱和亲吻会促进人体释放催产素，有助降低血压、增强免疫力。而且，多做爱让人更年轻，因为高潮会促进激素大量分泌，减缓老化症状。在心理上，做爱也会使人自我感觉良好，因为有人渴望自己的身体。当我们觉得自己性感，看起来就会更性感、魅力四射。

要再找个伴儿吗？

中年丧偶的女性对于再婚，心情复杂。停经、身上的赘肉让她们觉得青春不再，或没有女人味。她们也可能开始出现病痛，担心自己拖累对方，或者之前照顾过生病的先生，觉得不想再当看护，拒绝再婚。假如是五十岁丧偶，还有二三十年的日子要过，不妨想想："我要一个人过下去吗？我想要有亲密关系吗？如果有一个伴，我的生活会如何？"

如果你很确定，自己要一个人，不管有没有和子女同住，建议做好单身规划，包含稳定的收入、多彩多姿的生活和开拓社交圈，最好什么年龄的朋友都要交，才不会和社会脱节。如果你有再婚的念头，要想清楚："我想跟什么样的人共度晚年？"千万不要因为年纪、病痛，认为自己没机会遇到好对象。

熟女魅力取决于自信心，当你愈自在接受自己，就愈有吸引力。

我有个个案当事人原本自觉病痛缠身，会成为别人的负担，后来转变想法，遇到愿意等她服满三年丧期再结婚的好男人。

她是个大号美女，身材肉肉的，笑起来眼睛眯成一条线。两年多前，她来我门诊，因为更年期让她出现心悸、血压不稳、失眠、热潮红和盗汗。当时她五十三岁，有高血压、糖尿病，长过子宫肌瘤，且已经拿掉子宫。最恼人的更年期症状是晕眩，她去人多的餐厅或拥挤吵闹的地方，会突然感到一阵天旋地转，站也站不稳，需要有人扶住她，帮她找地方坐下或平躺休息。

从公职退休的先生不放心她一个人出门，不论去哪里一定会陪着她。她进出医院频繁，固定要看心脏科、妇产科和我的妇女身心科，再加上例行检查，一个月要跑好几趟医院，都是夫妻一起来。为了怕太太过度劳累，他主动分担家务，煮饭洗衣打扫一手包办。我曾当面称赞他是"新好男人"，他说："以前我工作忙，没有时间陪伴家人，家里大小事靠她一个人。我小孩书念得不错，有稳定的工作，全是她教得好。现在她生病，换我照顾她。"

她先生大她五岁，身形跟她恰恰相反，高高瘦瘦的，看起来是个经常运动的人。一年多前，他因为急性心肌梗死猝死。她没办法接受先生比她先走，情绪低落、忧郁，自责身体不好才会让先生忙进忙出，过度劳累。孩子们很早就离家求学、工作，她害怕一个人，担心自己以后变成独居老人。愧疚、恐惧、担忧种种负面情绪，让她更年期症状发作得更严重。

我问："想过再找个伴吗？"

"我已经五十好几。找对象，别开我玩笑了！"她眼睛瞪大地看着我，“我有一大堆毛病，不可能再去照顾别人，也生不出小孩，谁想要跟我在一起？”

“你身体没你想象中的那么糟，”我说，“晕眩和许多小毛病是更年期引起的，顶多再一两年就会消失。更年期是一个过渡期，过了更年期那些症状就会慢慢消失了。”

我建议她，不喜欢一个人在家就走出去。担心晕眩发作，就把药带在身上，尽量约朋友一起出门，不管做什么都好，可以去医院做义工，跟朋友出去旅游、上课。多出去认识人，接触新东西，生活哪会一样！

最重要的是：“你才五十多岁，正是金色风华的年纪。别以为年纪大就一定扣分，青春就一定无敌。成熟男人要的是可以一起生活的伴。你有过幸福的婚姻，比别人更知道如何爱老公、教小孩，以及营造一个有温馨气氛的家。谁不想和这样的女人生活在一起？”

值得等待的好女人

这一年多来，她慢慢走出来。在医院做义工时，她认识一个年龄相近、有类似遭遇的大姐。几年前，这位大姐的先生意外过世，她几个月前才再婚，对方也丧偶。这位大姐常约她一起去唱歌，热心帮她介绍对象，常对她说：“孩子长大有他们的生活，我们要顾好自己。找个伴互相照顾，生活里有人跟你说说话、关心你，跟一个人过的感觉很不一样。”

这大姐积极替她牵线，陆续安排她与好几位年龄相近的男士相亲，单身、离婚、丧偶的都有。后来，其中有人继续约她，表达想进一步交往，常打电话问候她、找机会接近她。每次出游，大姐特地都叫上他，安排他们俩同桌吃饭，请他帮忙接送。

“医生，我不太确定要不要接受他。”她皱着眉说。

“他有什么问题吗？”我问。

“他大我六岁，明年就要六十岁了。他白手起家，有自己的事业，但因为忙于工作一直单身。”她说，“这些不是问题。我担心我身体不好，会变成别人的麻烦。”

“拜托，别再陷入负面思考，”我说，“事情有好坏两面，人也是一样。多看自己的好，不要老觉得自己配不上、不值得别人爱。他对你好，就是因为你值得。”

几个月后，她因为做心导管检查，意外拉近两人的距离。这是个小手术，在鼠蹊部开个小洞，将导管往上推至心脏部位，术后需要平躺，按压伤口约三小时。医院通常会要求病人找人陪伴，帮忙观察伤口愈合，或者搀扶病人上厕所。她临时被通知要做检查，小孩有的出差、有的工作忙碌走不开，要好的大姐正在国外旅游。她最后硬着头皮打电话给那位先生，问他隔天能否来医院帮忙。他一口答应，当天开车接送她，并且全程陪伴。

对方是个正派的人，当天没有做出不礼貌的动作，或说些暧昧的言语。他反而要她别放在心上，“朋友之间互相帮忙是应该的”，他说。这些点点滴滴让她卸下心防，跟他交往。

几个月后，他陪着她来我门诊。我猜想，他应该就是男主角。他高大斯文，体格魁梧。她正式帮我们互相介绍彼此，称呼他为男朋友。

我照例询问她，症状有没有改善？生活情形如何？

问诊时，我用眼角余光观察到，他视线一直跟着她。

等待处方笺打印时，我随口问他："她一直担心自己身体不好，不敢交男朋友。你怎么说服她，答应交往？"

他对着她说："病痛是人生必经的过程，也是我们这年纪该面对的功课。两个人在一起以后，就是一体的，不要去分你我或谁照顾谁。我们一起面对病痛，多做些快乐的事，制造美好的回忆，用幸福快乐的生活召唤健康。"

这一番话说到我心坎里，我也是这么想的。我看着她说："恭喜你有好对象，好好把握。"

"目前这样很好。"她害羞地说。

他大方地说，他跟她求过婚，但她担心孩子们没那么快接受他，也想替先生守丧三年，毕竟是几十年的夫妻情分。"我会在她身边安静守候，"他说，"因为她是一个值得等待的好女人。"

一切都是因为你值得

不管有没有伴，请相信自己值得一切美好的事物！你是否有过这样的经验，明明家里有高级名牌餐具，但生活用的却是普通餐具，总觉得"舍不得用这么好的东西"，或者想"等有客人来，再拿出来用"。我必须提醒你，感觉自己不配享用好东西，隐含自我贬低的意味。若不注意提升自我价值，可能会演变成全方位匮乏的生活方式，不敢让自己拥有好东西，包括看得见的物品和看不见的情感联结，像朋友、爱人或宠物。

无论是优点、缺点，大方地接受自己的一切。能改进的地方尽力去改，改不了就算了。别再时时刻刻提醒自己哪里不好，嫌弃厌恶自己。我们对自己的感觉连带会影响别人对我们的看法，我们对自己有自尊、爱自己，别人也会如此看待我们。

什么是共依存症?

《爱我，就不要控制我》里写道，共依存并不是一种疾病，而是一系列的行为，节录于下：

◇我们做太多、关心太多，自我的感受却太少。

◇总认为别人的事最重要，自己的事无所谓。

◇别人未开口要求，就主动满足他们的需求。

◇当别人求助时，我们做的比自己分内的事还要多。

◇别人不想要的时候，还是将协助强加在别人身上。

◇付出是为了获得，是为了让别人需要我们。

共依存者分不清界限在哪里，把爱和控制混为一谈，强迫别人照自己意思过活。他们照顾过了头，停不下来，把自己弄得筋疲力尽。其实，他们最需要的是，把重心摆回自己身上，放下所爱的人，先过好自己的日子。